智能电网技术丛书

FAST MONITORING TECHNOLOGY
OF DISCONNECTION FAULT
IN ACTIVE DISTRIBUTION NETWORK

主动配电网断线故障快速监测技术

许继和　韩　坚　刘　松　主编

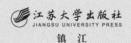

江苏大学出版社
JIANGSU UNIVERSITY PRESS

镇　江

图书在版编目(CIP)数据

主动配电网断线故障快速监测技术 / 许继和,韩坚,
刘松主编. — 镇江:江苏大学出版社,2021.12
ISBN 978-7-5684-1692-4

Ⅰ. ①主… Ⅱ. ①许… ②韩… ③刘… Ⅲ. ①配电系
统－断线故障－故障监测 Ⅳ. ①TM727

中国版本图书馆 CIP 数据核字(2021)第 205083 号

主动配电网断线故障快速监测技术

Zhudong Peidianwang Duanxian Guzhang Kuaisu Jiance Jishu

主　　编/许继和　韩　坚　刘　松
责任编辑/徐　婷
出版发行/江苏大学出版社
地　　址/江苏省镇江市梦溪园巷 30 号(邮编:212003)
电　　话/0511-84446464(传真)
网　　址/http://press.ujs.edu.cn
排　　版/镇江市江东印刷有限责任公司
印　　刷/镇江文苑制版印刷有限责任公司
开　　本/710 mm×1 000 mm　1/16
印　　张/10.25
字　　数/215 千字
版　　次/2021 年 12 月第 1 版
印　　次/2021 年 12 月第 1 次印刷
书　　号/ISBN 978-7-5684-1692-4
定　　价/52.00 元

如有印装质量问题请与本社营销部联系(电话:0511-84440882)

前　言

近年来,随着分布式电源的迅速发展,风电、光伏等新能源发电大规模并网,电动汽车等多元负荷的快速发展和广泛接入,配电网又面临着新的挑战,对配电网的灵活性和适应性提出了新的要求。

配电网断线故障是一种易发、多发的故障类型,故障原因主要是外力作用,如树木被风刮到拉断线路,或者施工不慎导致高坠物体压断线路等;电气作用,如年久受损线路由于短路故障或者过载等导致流过大电流,受损处发热烧断导线,或者电场分布不均导致断线;自然灾害,如雷击电弧断线和冻雨结冰断线;人为原因,如施工质量差、金具盗窃和乱搭乱扯线路等原因导致断线。

为提高供电可靠性,我国配电网中性点大多以不接地、经消弧线圈接地为主,因此相比于横向的短路故障,纵向的断线故障具有故障电流小、故障特征量难以被检测等特征,目前尚无较为有效的实用化断线故障监测保护技术,将造成配电网带故障长时间运行,严重影响电能质量,通常伴随有导线掉落坠地等现象,会对地面或地面建筑物持续放电,对接近断线处的人体造成触电威胁,引发人身伤害事故。

分布式电源、储能设备通常从低压侧接入配电网,当高压侧配电线路断线时,低压侧母线上电压将受低压侧分布式电源的影响,从而具有不同于常规配电网断线故障特征,目前针对含分布式电源及储能配电网断线故障的研究较少,尚无手段实现断线故障的快速切出,急需尽快构建面向断线故障的防御体系,保障新形势下配电网的运行安全和人身安全。本书主要从在充分考虑中性点运行方式和过渡电阻影响的情况下,首先从传统配电线路出发,利用对称分量法建立复合序网进行故障分析,提取断线故障选线判据以及断线故障类型诊断判据,然后分析分布式电源的控制策略和输出特性,进行分布式电源数学模型搭建,最后分析和总结分布式电源并网对配电线路故障特征量的影响,同时建立多种综合考虑不同接地方式下主动配电系统可靠、准确和快速的断线故障监测保护方法,为配电系统的断线故障保护及安全防御策略提供科学、规范的理论依据和技术规范。本书共6章,主要包括引言、传统配电系统的故障机理分析与断线保护新方法设计、主动配电网下分布式电源模型构建及其故障特征分析、基于负序电流信号的主动配电系统断线故障保护新方法设计、基于分布式电源电流变化特征的主动配电系统断线故障保护新方法设计、结语。

本书不仅仅是一本主动断线故障监测技术的基础读物,而且对于读者了解和研究主动配电网故障监测等前沿课题也有裨益,还融入了编者从业经验和个人之见。限于专业水平,书中存在不妥之处在所难免,敬请读者批评指正!

编 者

2021 年 12 月

目　录

第 1 章 引 言

1.1 背景及意义

电力系统是由发电、变电、输电、配电和用电等环节组成的电能生产与消费系统，配电网在其中承担着电能分配的功能，是电力系统的重要组成部分，其供电可靠性和供电质量直接影响工业生产和社会经济发展，同时也与人们的生活质量密切相关。但长久以来，配电网的发展相较于电力系统的其他环节相对滞后，越来越难以满足用电需求，主要体现在以下几个方面：① 配电网投资相对于电力系统的其他环节来说比例较小，导致配电网的发展速度跟不上高质量用电的需要；② 配电网发展水平较低，许多设备年久失修，尤其是在一些偏远的山区和农村；③ 早期的配电结构规划不能适应配电网的发展，导致部分线路上的设备容量逐渐饱和，甚至有一些处在过载运行的状况下；④ 自动化水平低，设备过载不易被发现，检修时间长，导致用户供电可靠性较低。为贯彻《关于加快配电网建设改造的指导意见》，落实中央"稳增长、防风险"的有关部署，加快配电网建设改造，国家能源局在 2015 年 7 月 31 日发布的《配电网建设改造行动计划（2015—2020 年）》中明确提出：2015—2020 年，配电网建设改造投资不低于 2 万亿元，其中 2015 年投资不低于 3000 亿元，"十三五"期间累计投资不低于 1.7 万亿元，5 年后城市供电可靠率将达 99.99%。

近年来，随着分布式电源的迅速发展，风电、光伏发电等新能源发电大规模并网，电动汽车等多元负荷的快速发展和广泛接入，使配电网面临新的挑战，对配电网的灵活性和适应性提出了新的要求。《电力发展"十三五"规划》中提出："十三五"期间，我国将加快推进"互联网+"智能电网建设，全面提升电力系统的智能化水平，提高电网接纳和优化配置多种能源的能力，满足多元用户的供需互动。智能配电网是智能电网的关键环节之一，相比于传统的配电网，智能配电网有更高的要求，包括自愈能力、更高的安全性、更高的电能质量和支持分布式电源的大量接入等。

由此可见，在未来一段时间内，配电网的发展将进入一个新的时期。在我国，电力用户遭受停电的事件中近 90% 是由中低压配电网故障造成的，造成电能质量问题的主要因素也是配电网。随着分布式电源渗透率的提高，分布式电源接入对配电网故障保护的影响已经成为发展智能配电网和提高供电可靠性亟待解决的问题。

在输电系统中，中性点接地方式大多为直接接地，故障电流大、危害大，在电力系统发展的过程中，已经建立了一套完备的继电保护策略，动作于跳闸的继电保护技术可以有选择地、快速地、高灵敏地、可靠地隔离故障区域，防止故障进一步扩大，保证了输变电设备和电力系统安全稳定地运行。相对而言，我国配电网大部分采用的是 10 kV 电压等级配电线路向用户供电，为了提高配电线路的供电可靠性，中性点接地方式大多以中性点不接地方式和中性点经消弧线圈接地方式为主，发生接地故障后故障特征量不明显、故障危害较小，但由于配电线路架设环境相对复杂，接地故障发生概率远高于输电线路，所以小电流接地故障的检测和保护是当前的研究热点，已有比较成熟的理论成果和现场应用。

而在目前的配电网中，对于断线故障和断线后带电导线落地造成更为复杂的故障（断线接地复故障）的重视程度明显不足，也没有专门反应单相断线故障的监测和保护装置。对此类故障的发现和处理，主要还是依赖现场运维人员的经验，但是人工判断存在准确度低、判断时间长和故障类型诊断困难等问题，不利于配电网的安全稳定运行，也与智能配电网发展的趋势很不相称。

配电线路发生断线故障的原因主要有：① 外力作用，如树木被风刮倒拉断线路，或者施工不慎导致高坠物体压断线路等；② 电气作用，如年久受损线路由于短路故障或过载等导致流过大电流，受损处发热烧断，或者电场分布不均导致断线；③ 自然灾害，如雷击电弧断线和冻雨结冰断线；④ 人为原因，如施工质量差、金具被盗窃、乱搭乱扯线路等原因导致断线。

有关数据显示，1994 年 8 月至 9 月，山东省内配电线路故障高达 1640 起，其中 10 kV 馈线断线 38 处，低压侧断线 338 处；2000 年，山西大同城区变压器缺相故障达 112 次，其中包括 10 余次中性线断线故障；2004 年，新疆乌鲁木齐 10 kV 配电网断线故障 57 次，其中 17 次伴有接地故障；2006 年 6 月至 8 月，江苏苏州市区 10 kV 架空绝缘线路雷击断线 26 次，其中单相断线 9 次，多相断线 17 次；2010 年夏季，上海嘉定供电公司配电线路发生跳闸 138 次，其中断线 4 次，并造成大范围停电事故；2013 年，成都市新都区发生雷击跳闸多达 31 次，其中断线故障 6 次，严重影响了配电线路的供电可靠性。在线路发生断线故障后，故障线路负序电流突增，负荷侧的电压、电流出现严重不对称，电动机会因缺相运行转速急剧下降甚至烧毁。若故障不能及时处理，带电导线极有可能出现接地现象，造成更为复杂的故障，带电导线落地还将严重威胁配电网的安全稳定运行和生命财产安全。

单相断线故障相较于单相接地故障，危险性极高，因此快速准确地定位、辨识两种故障并采取相应措施极其重要。然而在我国的配电网中，由于单相断线故障与单相接地故障在电源侧的电气特征十分相似，以传统的集中式测量装置难以进行故障辨识，配电网在单相断线故障发生后可能继续保持运行数小时，对配电网的可靠性与安全性产生巨大威胁。因此，如何对单相断线故障进行故障检测，成为配电网研究领域的一个难题。

随着接入配电网的分布式电源及负荷的增长，以及对其进行管理控制需求的增加，主动配电网的概念被提出，并且也成为未来配电网的发展方向。主动配电网的基本结构如图 1.1 所示。主动配电网是在主网和配电网协同控制的基础上，具有分布式发电、储能、电动汽车和需求侧响应等电源、负荷调控手段，能够针对电力系统的实际运行状态，以安全性、经济性为调控目标，自适应调节其电源、网络及负荷的配电网。主动配电网具有两个显著特点：风电、光伏、储能等分布式电源以及电动汽车功率具有随机波动性和可控性；电网结构可以通过联络开关的开断进行调整，改变主动配电网各个区域之间的联系，改变潮流分布。

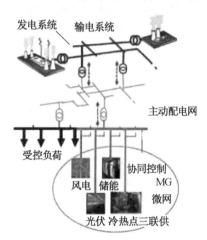

图 1.1　主动配电网的基本结构

由于配电网络运行环境恶劣、设备质量差等，时有断线故障发生。但相比于电网的横向短路故障，纵向断线故障具有故障电流小、故障特征量难以被检测等特征，因此实用化的断线故障监测保护技术尚未有效建立。目前对于断线故障的处理，也仅是通过人工判断并进行相应的处理，通常是带故障运行很长时间后才由用户反映到供电部门，往往严重影响电能质量，对用户产生不良影响，有时还会导致线路附近人员接触断线导线或导线附近物体，造成严重的触电事故。

配电网故障选线技术一定程度上能够反应断线故障。目前的选线方法主要包括负序电流暂态谐波法、能量测度法、数字相关处理的相位判别法、绝缘监测装置法、注入信号法及小波分析法。负序电流暂态谐波法基于故障线路负序电流分量的有效值较非故障线路大以及相位相反的特征，从故障发生的时刻起，一个基波周期内各次谐波分量的积分值均大于其前、后一个基波周期内相应的各次谐波分量，由此可构成选线判据。但是负序电流暂态谐波法存在负序电流分量获取困难且易受干扰的问题，导致选线判据灵敏度不高，选线不准确。能量测度法与负序暂态电流的原理类似，但它是以半个周波内负序电流与故障相电压的乘积对时间的积分值作为选线判据的。因此，能量测度法选取负序电流作为选线判据，仍然存在获取困难、易受干扰等缺点。绝缘监测装置法借助绝缘监测装置，监视它的三相对地电压表指示的变化，准确无误地判断故障性质及故障选线。但是绝缘监测装置法对绝缘监测装置要求高，多用于小电流接地方式，并不适用于所有中性点接地方式的配电网。注入信号法通过向系统注入特殊频率的外部信号，基于故障线路通过短路点与大地有直接的电气连接，而非故障线路则只能经对地分布电容才有通路的特征，检测外加信号的大小和方向，进而实现选线目的。该方法存在操作上的困难，如注入信号不够大时，变换到高压侧的注入信号非常微弱，难以测准；非故障线路中也会有注入频率的对地充电电流，在故障电阻较大情况下，故障线路与非故障线路上的差异不明显。

此外，故障测距对于断线故障也有一定的反应能力。但是，阻抗法有较大的测距误差，难以满足实际需要；行波法基本不受系统接线方式和故障过渡电阻影响，在现场广泛应用，但是断线不接地故障点的突变信号较弱，难以准确检测。零序保护对于断线接地故障具有一定的效果，但是零序保护能够反应的最大过渡电阻小于 300 Ω，断线后较大的过渡电阻无法准确检测和隔离。

目前，对于主动配电网断线检测的研究还存在较大空白。大量分布式电源和负荷的接入，以及其波动特性，再加上网架结构的变化，导致主动配电网中潮流会有较大改变，通过单一整定值无法有效对断线故障进行检测识别。分布式电源及储能的投切，同样会对系统产生冲击，造成电流电压的突变，现有检测电气信号变化量的方法并未考虑这一因素，加大了断线故障检测的难度，并且分布式电源、储能自身的控制方式和故障条件下的保护，使得这些设备无法简单地等效为一个功率源或者阻抗模型，如何对这些设备进行准确建模并应用于断线故障分析尚需研究。

断线故障分为兼有接地故障特征和没有接地故障特征两大类。对于断线伴有接地的故障通常可由配电网接地保护反应，但对断线无接地及断线有高阻接地的故障监测保护尚未有很好的办法。配电网断线尽管不会产生大电流，但断线故障不能被及时发现和处置，可能会给断线点周围的人身安全、财产安全带来很大风险，已由此引发多起安全事故。特别是在主动配电网中，分布式电源、储能设备通常从低压侧接入配电网，10 kV 等高压侧配电线路断线时，低压侧母线上电压将受低压侧分布式电源的影响，从而具有不同于常规配电网断线故障的特征，而目前尚未见对主动配电网中断线故障的有效监测方法。本书拟重点研究含分布式电源的主动配电网发生断线故障后的故障发展过程及故障特征量变化规律，分析各分布式电源在断线故障发生后的调节方式及对断线故障特征量的影响，提出识别断线故障（含断线不接地、断线伴高阻接地）的方法；通过本研究，提出灵敏度更高、适用范围更广的主动配电网断线故障的检测方法，准确、快速地检测故障线路，以便及时排除故障，恢复供电，实现电网安全、设备安全、供电可靠性、经济性的最大化。

配电网断线故障的发展过程具有一定的复杂性。断线故障既可能发生在 35 kV、10 kV 中压配电线路，也可能发生在 380/220 V 低压配电线路；断线故障的发展过程，既可能是断线不接地，也可能是断线并接地；断线接地时既可能是小电阻接地，也可能是高电阻接地；断线所发生的配电网络还可能是中性点不接地、经消弧线圈接地或经小电阻接地等多种情况。此外，配电网中，通常还有无功补偿装置的存在。在这些不同结构的配电网中发生断线故障时，检测到的电气量具有不同的特征，对于断线故障的识别具有重要影响。目前尚无针对上述不同情况下均能反应的断线故障监测设备。

随着新能源的开发利用，分布式电源与储能电源接入配电网已成为必然趋势。用户端出现的电源改变了原来配电网的辐射状潮流分布结构，断线故障时也具有新的电气特征。目前尚未开展含分布式电源与储能配电网的断线故障监测与保护研究。通过用电侧电压异常虽然能发现供电线路异常，但由于用电信息采集系统不具备线路故障诊断功能，因此也不能准确及时地获取线路断线信息。为加快配电网智能化建设，提高供电可靠性，保障供电系统设备安全和人身安全，有必要开展配电网断线故障的快速可靠监测方法的研究，提出普遍适用的断线故障监测保护方案。

前述断线故障分为兼有接地故障特征和没有接地故障特征。断线故障兼有接地故障特征又分为兼有高电阻接地特征与兼有低电阻接地特征，对于兼有低电阻接地特征目前已经有大量研究，并取得了一定的成果；但是，对于兼有高电阻接地特征的研究较为缺失，关于高电阻的表达式及其短路故障的故障特征量尚未形成统一、定量的研究结果。断线故障发生时，通常伴随导线掉落坠地等现象，对地面或地面建筑物持续放电，对接近断线处的人体造成触电威胁，可能引发人身伤害事故。因此，断线故障发生后应以最快的速度发现断线，并停运故障线路。目前尚无任何手段实现断线故障的快速切出，亟待提出相应的技术措施予以解决。越来越多的配电网事故表明，断线故障的危害往往超出了人们的想象，必须重视断线故障的监测保护技术，尽快构建面向断线故障的防御体系，保障新形势下配电网的运行安全和人身安全。

综上所述，为了满足智能配电网的发展要求，必须对断线故障进行深入的分析，也必须充分考虑分布式电源并网后对传统配电网故障特征的影响，保证在发生单相断线故障后快速、准确地完成检测工作，并确定故障的类型，对配电网安全稳定运行具有重要意义。

1.2　配电系统发展及研究综述

1.2.1　配电系统发展背景及趋势

配电网是电力系统网络中的重要组成部分之一，其从上级电网或发电站接受电能传输，再将电能进行就地分配或传输给各类用户。传统配电网的潮流一般由上层变电所单方向流入负荷节点，其运行方式较为简单，属于被动运输，无法进行主动控制与管理。随着配电网中分布式发电等众多先进设备的参与，配电网从单向被动传输转变为功率双向传输的有源网，且各类新型元件对配电网中的潮流分布、电压水平等影响很大。传统配电网难以综合考虑各种电源和负荷的运行特性进行调控，也难以满足低碳环保条件下可再生能源发电接入与可再生能源的高效利用。

在这种情况下，国外学者在 2008 年举行的国际大电网会议上初次提出了主动配电网（Active Distribution Network，ADN）这一概念，旨在解决配电侧兼容各类间歇式可再生能源（如风电、光电），提升绿色能源利用率等问题。

主动配电网是能对分布式能源进行主动管理，具有善于变换的网络构造的配电网，可调度控制各种分布式能源。主动配电网可对电力系统的结构起到支架作用，其主要作用是加大配网对可再生能源的消纳能力，使配电网运行更加稳定可靠。主动配电网是未来电力系统发展的重要途径之一。

主动配电网的要素如图 1.2 所示。主动配电网较传统配电网而言，接入了风电、光伏发电等分布式发电，以及柔性负荷、储能系统等，有着高比例可再生能源渗透率，可通过主动调控、管理、运行、规划等手段，实现"源–网–荷–储"协同互动。因主动配电网较传统配电网而言更加坚强可靠、控制手段灵活多变、含有大量经济环保的分布式电源及储能，其对发展低碳电力系统和可再生能源消纳有着重大意义。因此，对主动配电网在现有的保护控制方法下进行深度研究，使主动配电网拥有最优的、最安全的运行状态是十分重要的。这也是本书研究内容的前瞻性所在。

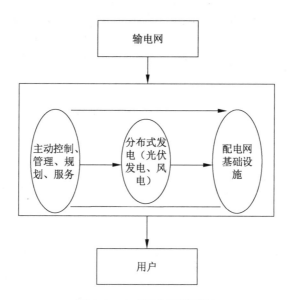

图 1.2 主动配电网的要素

1.2.2 国内外配电系统中性点接地方式

1. 国内配电网中性点接地方式

20 世纪 40—80 年代，我国 3~66 kV 电网中性点主要采用不接地或经消弧线圈接地两种方式。80 年代中期，随着城市配电系统中电缆线路的增多，电容电流增大，运行方式不断变化，消弧线圈手动调整存在困难，且常出现单相接地故障发展为两相短路故障的现象。从 90 年代开始，国内开始探索新的中性点接地方式。为满足电缆较低的绝缘水平，广州市供电局最早出现采用低电阻接地的方式，对该地某变电站低电阻接地方式进行现场实测，结果表明：采用中性点经低电阻接地，当接地电阻不大于 10 Ω 时，绝大多数情况可使单相接地工频过电压降低到 1.4 p.u.（1 p.u. = 220 V）左右。从限制弧光接地过电压方面考虑，系统在电弧开始燃烧到熄灭过程中积累的多余电荷可在后半个工频周波内通过接地电阻泄漏掉，使过电压幅值明显下降，即从限制电力系统过电压方面来看，采用低电阻接地具有明显优势。随后，国内很多城市（如北京、厦门、重庆等）的供电运行部门也开始对配电系统中性点接地方式给予高度重视。上海市供电局在"上海市区电网对中性点接地方式的结论"中指出：上海市中心区 35 kV 及 6~10 kV 中电缆网居多，且新旧电缆交叉，设备绝缘水平较低，系统中性点宜采用低电阻接地方式，避免在发生单相接地时，设备长期过电压运行，加速绝缘老化和扩大事故。北京某变电站指出：采用低电阻接地方式，工频电压升高不多，故障点电流也比较适中，既有利于继电保护配置，也不会对通信线路造成较大干扰。但低电阻接地系统在实际运行中也存在相当多的问题，如跳闸停电次数增多，供电可靠性显著降低，对人身安全也产生严重威胁，因而也有不少学者表示低电阻接地方式不容乐观。

与此同时，自动跟踪补偿消弧线圈接地系统出现，并与微机接地保护、故障选线装置等取得了良好的配合效果。研究人员还提出了中性点经消弧线圈接地系统在单相接地故障时短时投入并联电阻的故障选线方案，综合了中性点谐振接地和电阻接地两种接地方式的优点，解决了经消弧线圈接地选线难的问题。随着电缆馈线的日益增多，虽然接地故障的发生概率在上升，但因消弧线圈补偿了电容电流，所以不易发展为相间短路故障。但是，当配电系统不对称度很大时，由于谐振接地系统通常靠近全补偿状态运行，易产生很高的谐振过电压，破坏设备绝缘，有可能酿成重大安全事故。如何使中性点接地方式同时具备中性点经消弧线圈接地和中性点不接地等多种接地方式的优点，同时克服各自的缺点，逐渐成为国内外专家学者研究的主要方向。

综上可见，经小电阻和经消弧线圈接地各有利弊，很难取舍，导致我国目前在配电系统中性点运行方式的选择上仍存在较大争议。不少城市两种接地方式都在采用，城市中心区域电缆线路较为集中，系统电容电流较大，采用低电阻接地方式；而郊区多以架空线路为主，采用消弧线圈接地方式。

2. 国外配电网中性点接地方式

德国在各种电压等级电网中大量采用中性点经消弧线圈接地方式，从 30～220 kV 的电网中都采用了这种接地方式。不过德国莱茵电力公司（RWE）认为电缆网络还是通过小电阻接地为宜，但其必须以环网为前提条件，否则肯定会影响电网的供电可靠性。

美国各电力公司在 30 kV 及以下的电网，中性点接地方式很不统一。鉴于美国基本为私营电力企业，系统的备用容量大，网架结构好，自动化水平和管理水平高，供电可靠性高，所以在城市供电 22～77 kV 电网中，采用中性点直接接地或经低电阻接地的占71%，经消弧线圈接地的占12%，不接地的占10.5%，经小电抗接地的占6.5%。

英国的 132 kV 电网全部是直接接地，因为它的投资最经济，故障的选择性较好，暂时过电压（工频过电压、谐振过电压）较小，对电信干扰的程度能被电信部门接受。英国的 66 kV 电网多为电阻接地，33 kV 及以下的架空线路配电系统逐步由直接接地或电阻接地改为经消弧线圈接地，电缆配电系统为小电阻接地。

日本东京电力公司配电系统中性点接地方式随电压等级不同而不同。66 kV

配电系统采用电阻接地、电抗接地和消弧线圈接地，22 kV 配电系统采用电阻接地，6.6 kV 电网采取不接地方式。

苏联的 110 kV 电网中性点采用直接接地或经消弧线圈接地，低压电网中性点直接接地，35~10 kV 电网中性点采用消弧线圈接地或不接地方式。

法国配电系统中性点多年来一直采用电阻接地方式，电缆网络电源中性点通过电阻接地。法国研究人员认为，架空线路经消弧线圈接地为宜，电缆网采用小电阻接地为宜，架空线路和小电阻的混合网络采用自动调谐消弧线圈并联高阻接地为宜。近年来，法国电力公司对消弧线圈进一步深入研究后决定，将全部中压电网中性点接地方式改为经消弧线圈接地。

综上可见，不同国家采用的中性点接地方式存在较大差异，但都基于基本国情和本地区特点，经过技术和经济的比较，全面分析和论证，因地制宜地选取中性点接地方式。

1.2.3　配电系统中性点接地技术现状

传统中性点接地方式包括中性点不接地、中性点经消弧线圈接地及中性点经电阻接地，均不可避免地存在着固有缺陷。为解决上述中性点接地方式在安全性和可靠性之间的矛盾，现有研究从三个方面提出了相应的解决措施：

第一，对传统中性点接地方式进行优化。针对消弧线圈接地系统，在自动补偿消弧装置中串接负阻特性的非线性电阻，增大故障电流的有功分量，提高小电流选线装置的准确性；针对小电阻接地系统，采用小电阻接地方式和自动重合闸装置在架空线路配合使用的方式，提高系统供电可靠性。

第二，研究新型中性点接地方式。我国部分研究机构已经开始提出并研究中性点柔性接地技术，目前关于中性点柔性接地技术主要有两种思路：一种是考虑在消弧线圈上串联或并联一些电阻，在发生故障时经一定延时投入，以此同时汲取经消弧线圈接地与经电阻接地的优势，并互相弥补不足之处，现有研究成果表明，中性点柔性接地方式在抑制故障过电压、提高故障选线准确率等方面都有一定优势，同时又可减少线路跳闸率，提高系统的稳定性，具有较高的研究和实用价值；另一种是通过脉宽调制有源逆变向配电网注入零序电流柔性控制零序电压，使中性点位移电压为零，补偿三相不平衡电流，抑制突发单相断线事故所引起的中性点位移过电压及三相不平衡过电压，提高系统的安全性。

第三，针对小电流接地系统，提出故障相经低励磁阻抗变压器接地方式，实现接地故障转移。低励磁阻抗变压器接地保护装置由低励磁阻抗变压器、单相接地断路器、信号发生器、选相控制单元等组成，在正确运行时不接地，当发生单相接地故障时，由选相控制单元控制相应相别单相接地断路器合闸，将接地相经低励磁阻抗变压器接地，有效减少单相接地故障点电流，缩短燃弧时间、减小过电压产生概率。

上述中性点接地技术还未在实际系统中广泛推广使用。随着城市配网的发展，人们对配网可靠性、安全性、经济性的要求日益提高，中性点接地技术研究亟待取得新的突破。

1.3 配电系统故障安全防护技术综述

1.3.1 配电网小电流接地系统故障安全防护技术

小电流接地系统包括中性点不接地系统和中性点经消弧线圈接地系统，其单相接地故障电流幅值小，故障检测十分困难，因此主要依赖于小电流选线装置进行故障线路的识别。目前，按照选线信号的不同主要有3种选线方法：基于故障稳态信号的选线方法、基于故障暂态信号的选线方法和基于特殊信号的选线方法。

基于故障稳态信号的选线方法，主要利用故障前后电压和电流的稳态特征量变化构成判据，判断故障线路和非故障线路。基于零序电流幅值的配电网线路选线方法主要利用故障线路零序电流最大为判断依据，但该方法易受配电网运行方式、接地电阻、配电网线路长短、CT 不平衡等因素的影响。基于零序电流方向的配电线路选线方法主要利用故障线路与非故障线路零序电流方向相反进行选线，该方法同样受到配电网运行方式、接地电阻等因素的影响，选线准确度不高。

基于故障暂态信号的选线方法，主要利用故障瞬间的暂态电流、暂态电压、能量的变化及暂态频率特征作为判据实现选线。暂态信号法基本不受中性点接地方式和分布式电源接入的影响，快速性和灵敏度较高。行波法通过比较故障线路和非故障线路的故障行波极性进行故障选线，受到配网网络结构参数的影响。暂态能量法通过区分非故障线路和故障线路的能量大小实现故障选线。小波变换也应用于故障选线。该方法通过小波变换，提取暂态信号中的特征频率，根据故障线路与非故障线路特征分量相位、幅值区别实现故障选线。

基于特殊信号的选线方法，包括人工拉线法、"S"注入法、电流增量法。人工拉线法采用人工逐步切除不同线路、检测零序电压是否消失来实现人工选线，该方法时间久、自动化程度低，不符合配电网智能化发展的要求。"S"注入法通过向配网注入谐波信号，利用感应器逐一检测开关柜内线路信号实现故障选线，易受过渡电阻、弧光接地故障影响。电流增量法通过比较同一基准电压等级下，调谐前后各条线路的零序电流改变值来判定故障线路、易受工频分量和高次谐波分量的干扰。

综上，目前提出的大多数选线方法，在一般性强故障下均具有较为良好的结果。然而，现场反馈信息反映现有装置的选线结果并不太理想。此外，现有的典型选线方法缺乏相应的选择方法，各选线方法有效范围也并不明晰。因此，有必要分析各种典型的选线方法在不同断线故障条件和线路结构下的性能。

1.3.2 配电网大电流接地系统故障安全防护技术

大电流接地系统包括中性点直接接地系统和中性点经电阻接地系统，其单相接地故障电流较大，因此主要利用零序电流保护实现故障识别和跳闸。

零序电流保护的原理简单、动作速度快，但仍有电流保护的某些缺点，如：受电力系统运行方式变化的影响较大；在短距离的线路及复杂的环网中，由于速动段的保护范围太小，甚至没有保护范围，致使零序电流保护各段的性能严重恶化，使保护动作时间很长，灵敏度降低；当接地故障存在较大过渡电阻时，零序电流保护易拒动，无法有效切除故障。按照目前零序电流保护整定原则，随着配电网电缆化率的提高，馈线电容电流随之增大，进一步抬高了零序保护定值，使得零序保护反映过渡电阻能力降低，保护拒动风险增大。因此，单相高阻接地故障的可靠识别和切除成为小电阻接地系统的保护研究中的热点问题。针对这个问题，目前主要有两类故障检测算法：基于暂态量的算法和基于稳态量的算法。

基于暂态量的算法主要是针对高阻接地故障过程中故障电弧、土壤介质等引起的故障电压、电流的非线性特征进行研究，并提取其时域故障特征。研究人员提出了一种利用伏安特性反映故障电阻非线性特征的检测算法，但是无法识别非线性特征不明显的故障。另外，有研究人员通过观察零序电流的波形，提出了一种基于波形凹凸性的检测算法，但其会受各种噪声的影响。总体而言，基于暂态量的算法较为复杂，且可靠性不高。

基于稳态量的算法无疑是一种更具有实际工程意义的方法。目前也有采用零序功率方向保护元件的工程案例，但由于零序电压、电流的极性校验困难，且高阻接地故障时用于判断功率方向的零序电压幅值较小，存在保护死区，效果并不理想。另外，研究人员根据保护安装处零序电流幅值与零序电压幅值成正比的关系，引入零序电压作为制动量，提出了一种比率制动的算法，但其定值整定较为复杂。

随着风电、光伏等分布式电源的并网日渐广泛，分布式电源复杂的故障输出特性改变了配电网的短路电流分布。小电阻接地系统发生接地故障时，故障相会出现较大的压降，在低电压穿越期间逆变型分布式电源将输出较大的故障电流，极大地改变馈线零序电流分布，可能造成传统配电网的继电保护无法正确动作的情况。目前关于逆变型分布式电源的接入对配电网故障影响及保护技术的研究主要集中在相间短路及其保护，并不适用于小电阻接地系统单相接地故障的情况。

综上所述，目前提出的针对大电流接地系统尤其小电阻接地系统，在单相高阻断线故障下的故障检测和保护的算法在故障识别可靠性、故障特征量检测难度及保护整定原则的简易度方面均有一定程度的欠缺。此外，分布式电源在小电阻接地系统中的应用尚缺乏完善的理论和经验指导，亟须研究含分布式电源小电阻接地系统的故障分析及继电保护技术。

1.4 配电网断线故障研究综述

1.4.1 传统配电网断线故障研究

在传统配电网中，单相断线故障不及相间故障和单相接地故障发生频率高，一般也不会产生大电流和过电压，但对于负荷侧的电能质量影响较大，因此许多学者针对传统配电网单相断线故障进行了多方面的研究工作。

在故障检测和选线方面，有学者分析了配电线路上发生的各种断线故障，主要分析故障点两侧的电气特征，并根据分析结果区分故障类型；通过对比分析馈线关键位置处的配电变压器低压侧三相电压数值，判定单相断线故障的发生地点，帮助调度人员快速处理单相断线事故；在充分分析配电线路断线故障的基础上，提出如下选线方案：在下级变电站装设电压互感器用于提取负序电压信息，并将此信息上传至调度服务器，针对各负序电流的大小和相位特征进行故障选线；还有学者利用对称分量法和复合序网络图分析了单相断线故障后负序电流的变化特征，并利用希尔伯特-黄变换放大故障特征量，达到了故障选线的目的；通过对配电线路单相断线故障的分析，得到各电气量的故障特征，定义故障后半个周波的负序电流和相电压的乘积为能量测度，并根据能量测度对各条线路上的暂态能量进行幅值和方向的比较，进而确定故障线路；采用一种电磁感应线圈来获取线路上的电气量，然后将采样的信号经过滤波等数字信号处理方法进行处理，最终依据其相位特征的稳定性判别线路是否发生断线故障，该方法避免了与电力线路的直接接触。

在故障定位方面，有研究人员利用对称分量法对单相断线故障进行了分析，根据负序电压的故障特征提出了判据，通过最小路径分析得到最小故障区域，利用负荷监测仪将故障区域进行划分，实现了故障区段的定位；详细分析了配电线路单相断线故障发生后故障点两侧的电压、电流变化情况，应用小波奇异性检测功能，获取故障引起的正序电流暂态分量模极大值的极性和大小，实现了故障的快速检测和定位；探讨了利用行波原理测量断线故障距离的可行性和方法，利用该方法分别对输电线路和配电线路的测距可靠性进行了分析；利用梯形模糊数原理估计配电变压器负荷的变化特征，通过搭建单相线路等值模型计算线路电流，判定流出电流为零的节点至下一节点之间发生了断线故障。

由此可见，传统配电网单相断线故障的分析已经相对成熟，其中以断线后突变量较为明显的正序电流和负序电流作为故障特征的分析相对完善。

但是以上对传统配电网断线故障的研究工作中，并没有综合考虑接地过渡电阻、中性点接地方式及接地类型对故障后电气量的影响，也没有给出明确的故障类型判据。

1.4.2　含分布式电源主动配电网断线故障研究

传统配电网多为单电源辐射型网络，在进行故障分析时可将电源用戴维南定理等效。但分布式电源（Distributed Generation，DG）接入配电网后，配电系统的结构和潮流方向均发生较大的改变，故障电流的大小和方向也受到不同程度的影响。DG 按其能源的转换形式，可以分为旋转型 DG 和逆变型 DG。旋转型 DG 的输出特性与发电机类似，在进行故障分析等效时仍可以采用传统的戴维南等效方法。逆变型分布式电源（Inverter Interfaced Distributed Generation，IIDG）由于经过逆变器并网，输出特性和故障特性与传统发电机差别很大，主要由 IIDG 的控制策略决定。在针对 IIDG 故障分析和含 IIDG 配电网的故障分析方面，国内外学者已展开了一定的研究。

在对称故障分析方面，对旋转型 DG 和 IIDG 发生短路故障进行了仿真，得到前者比后者大的结论；建立了综合考虑典型并网控制和低电压穿越控制的逆变电源电磁暂态模型，对 IIDG 在发生对称故障时的暂态特性进行了仿真；将 IIDG 等值为理想的电压源模型，近似地认为其三相短路电流为额定输出电流的两倍；将 IIDG 等效为电流源和阻抗的并联模型，通过调整等效模型的阻抗值来改变 IIDG 的注入容量，并利用节点导纳矩阵和叠加原理对含 IIDG 的配电线路进行三相短路电流计算，但由于 IIDG 输出的非线性特性，这种方法无法准确确定阻抗值，其误差相对较大；在考虑 IIDG 非线性输出特性的基础上，将 IIDG 等效为恒压源与可变等值阻抗的串联模型，但同样没有给出阻抗值的确定方法；将 IIDG 等效为可变电压源和恒定阻抗的串联模型，通过潮流计算的方法得到 IIDG 并网点的电压，并根据 IIDG 的输出功率计算出恒定阻抗的压降，进而计算出逆变器出口输出的短路电流；同样将 IIDG 等效为可变电压源和恒定阻抗的串联模型，通过数值解法近似求得每个步长下的电压源暂态电压；根据 IIDG 不同的控制特性和输出特性，将其分为不同的节点类型，通过前推回推法和补偿法相结合的分析方法求解 IIDG 的输出电流。

上述所做工作并没有针对特定的控制策略进行分析，建立的 DG 等值模型多为容量较小的电压源或电流源，或在考虑 DG 输出的功率变化的基础上等效的可变理想电源和内阻的形式，但这种等效电源的可变参数难以确定，而且其仅能适应对称故障分析。在考虑 IIDG 的控制策略和在非对称故障条件下的输出特性恰恰是含 IIDG 配电网故障分析的重点和难点，针对这方面的研究目前也有许多学者做了一定的工作。

在含 IIDG 配电网的故障分析方法上，分析了逆变型分布式电源在不同控制策略下的输出特性，建立了逆变型分布式电源正序电压控制的电流源等效模型，总结了对配电网相间故障特性的规律和传统方向元件发生误动的原因；在考虑 IIDG 的控制策略和输出特性的基础上，建立了 IIDG 并网方式下的压控电流源等值模型，推导出故障穿越时 IIDG 输出电流与公共连接点电压的求解方程；在考虑 DG 的控制策略和输出特性的前提下，同样提出了 IIDG 的压控电流源等值模型，在此基础上建立了含 IIDG 的配电网节点电压方程，并提出了一种迭代修正求解方法。前述在对 IIDG 进行等效时均采用了压控电流源模型，且用三相正序电压替代三相电压作为控制量并抑制了负序电流的输出。

在针对两相短路故障方面，在考虑 IIDG 的控制策略和输出特性的基础上，提出了一种基于正序故障电流和故障前电压相位信息的方向元件新原理，保证了含光伏电源的配电网中方向元件动作的可靠性；针对 IIDG 的相间短路故障穿越控制特性进行了分析，针对正序分量控制的 DG 提出了压控电流源等值模型，推导出不同的相间短路故障条件下公共连接点正序电压的求解方程组；提出了一种利用综合电流幅值与相位信息的新型保护方案，该方案首先利用电流幅值信息将故障锁定到一定的范围以内，然后利用电流相位信息达到区段定位的目的。

在针对单相接地故障方面，综述了目前国内外就 DG 并网对故障影响的研究主要集中在相间短路故障及其保护，然后针对小电阻接地方式配电网，建立了旋转型 DG 并网后的接地故障分析模型，分析了旋转型 DG 采用不同接地方式的并网变压器时接地故障点电流、线路三相故障电流与线路正序、负序、零序电流的特征，但未对目前普遍应用的配电网中性点不接地系统进行分析，并网 DG 也仅针对旋转型 DG；基于配电网电流正序分量相位的变化，提出了一种方向过流保护方案，但将分布式电源简单等效为恒压源与阻抗的串联，没有考虑分布式电源的类型和控制策略。

综上所述，在含 IIDG 配电网故障分析方面所做的研究工作，其中对相间短路故障的分析相对较多，对单相接地故障的分析还不完善，对单相断线故障的分析更少有人涉及。

第 2 章 传统配电系统的故障机理分析与断线保护新方法设计

近几年来，由于配电网结构复杂，线路新旧交替，受自然灾害、机械外力、电气作用等因素影响，因此断线故障发生频率呈上升趋势。断线故障导致电源侧和负荷侧三相电压、电流不对称，负序、零序分量的出现会对发电机等设备造成严重损害，降低设备使用寿命。此外，架空线路断线后可能会坠落接地，从而引起触电事故，后果严重。随着分布式电源、电动汽车等的接入，电力电子设备被广泛应用，但由于电力电子设备较为敏感，断线故障会导致电压升高超过其耐受阈值而损坏设备。因此，断线故障对系统会造成较大危害，若没有及时发现并排查，极有可能发展为短路故障，加大事故严重程度，扩大事故范围，威胁设备安全与人身安全。

目前国内外研究人员对配电线路短路故障的检测及定位等多方面进行了深入的研究，提出的解决方案也得到了较好的应用，而断线故障由于不会引起大电流、高电压而未引起足够重视，但随着断线故障发生率的逐渐升高，配电网受断线故障的影响越来越大，已不可忽视。为保障系统安全、稳定、可靠运行，有必要对断线故障保护方法开展研究。现有断线故障保护方法主要包括负序电流比幅法、负序电流比相法、能量测度法、小波分析法和电压电流组合判据法等。前三者都是基于故障线路负序电流幅值大于非故障线路且相位相反的原理的方法，小波分析法在此基础上结合了信号处理手段，电压电流组合判据法是基于断线故障相电压升高而电流降低的原理的方法。但上述方法均存在整定计算困难、受故障点位置影响大、无法区分断线与短路故障等问题，且适用范围较为局限，难以满足实际保护需求。小波分析法除了存在上述问题外，实际运行环境噪声对信号处理的影响也较大。因此，现有断线故障选线与保护的研究较少，且现有方法选线准确性、保护可靠性均不高，具有较大的局限性。

配电网中性点接地方式主要包括中性点不接地、直接接地、经消弧线圈接地、中性点经小电阻接地和经消弧线圈并联电阻接地 5 种。中性点接地方式对配电网电力设备的寿命、电网的安全运行、供电的可靠性、电力建设的投资、电力用户的安全等诸多方面有很大的影响。从技术的角度来看，配电网中性点接地方式的选择涉及电力系统运行维护、继电保护的配置、电力设备的绝缘配合、自动化、通信侵扰以及电网接地系统的配合等诸多方面。因此，需对各种中性点接地方式的特性等进行对比，从而确定各种中性点接地方式下断线保护策略的适用条件。

2.1 配电网中性点不同接地方式

2.1.1 中性点不接地

中性点不接地系统，即中性点对地绝缘，其等效电路如图 2.1 所示。图中，U_0 为电源中性点对地电压，即系统的零序电压；I_A、I_B、I_C 分别为 A、B、C 三相对地电流；C_1、C_2、C_3 表示 A、B、C 三相对地电容；r_1、r_2、r_3 表示 A、B、C 三相对地绝缘电阻。

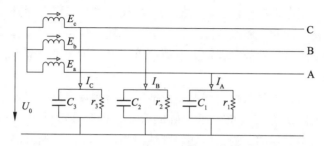

图 2.1 中性点不接地系统

中性点不接地系统的优点：单相接地电流小、供电可靠性较高、接地装置的安装成本低廉等。中性点不接地方式的缺点：系统的电弧接地过电压及操作过电压较高；系统电容电流大时易发生多重故障；实现有选择性地接地保护较为困难；正常运行时有中性点不平衡电压，故存在静电感应问题；故障电流的持续时间长，容易造成设备损坏甚至威胁人身安全。

2.1.2 中性点直接接地

中性点直接接地系统，即将中性点直接接地，当系统发生单相接地故障时，中性点对地电压很小，在理想情况下，与地保持等电位，所以各相的对地电压不会升高，中性点直接接地系统的等效电路如图 2.2 所示，其图中符号含义与图 2.1 相同。

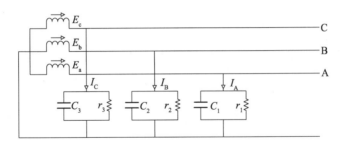

图 2.2　中性点直接接地系统

中性点直接接地系统的优点：系统的内部过电压情况稳定，几乎不可能发生多重故障；短路电流大，故继电保护的动作可靠迅速；避雷器灭弧电压比正常情况低 80%；故障定位容易，可以正确迅速切除接地故障线路。但是，中性点直接接地系统在运行中还存在以下问题：系统的短路电流非常大，容易威胁到设备安全及人身安全；正常运行时有三次谐波引起的静电感应问题；系统的动态稳定性极差；接地网工程费用价格较高，性价比不高。

2.1.3　中性点经消弧线圈接地

中性点经消弧线圈接地系统，即在电网中性点与地之间接入电感线圈，利用其产生的感性电流补偿单相接地故障的电容电流，减少故障点的残余电流。中性点经消弧线圈接地系统的等效电路如图 2.3 所示，其图中符号含义与图 2.1 相同。

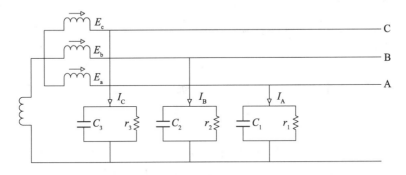

图 2.3　中性点经消弧线圈接地系统

中性点经消弧线圈接地系统的优点：系统的内部过电压情况稳定；单相接地故障电流很小；系统的动态稳定性很好；变压器绝缘情况和中性点直接接地方式相近，比中性点不接地方式低 20%；故障电流对人身安全的影响较小。该系统的缺点：可能发生串联谐振引起多重故障；实现选择性的接地保护困难；中性点装置费用较高。

2.1.4 中性点经小电阻接地

中性点经小电阻接地系统,即中性点与大地之间接入一定电阻值的电阻。该电阻与系统对地电容构成并联回路,由于电阻是耗能元件,也是电容电荷释放元件和谐振的阻压元件,对防止谐振过电压和间歇性电弧接地过电压,有一定的优越性。中性点经小电阻接地系统等效电流如图 2.4 所示,其图中符号含义与图 2.1 相同。

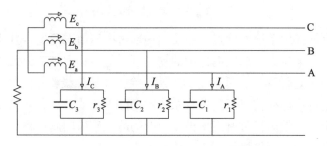

图 2.4　中性点经小电阻接地系统

根据中性点接地电阻的电阻值的不同,可以将中性点经小电阻接地方式分为高电阻、中电阻和低电阻接地三种情况。目前这三种方式在国内外电网中都有应用。中性点经小电阻接地系统的主要优点是可以实现有选择性地接地保护、抑制电弧接地过电压,但是该系统也存在接地保护受过渡电阻影响较大、供电可靠性易受瞬时性故障影响、中性点接地装置费用较高的问题。

2.1.5 中性点经消弧线圈并联电阻接地

中性点经消弧线圈并联电阻接地系统主要由自动调谐消弧线圈及其调节装置、可调式电阻和电阻控制装置构成。系统正常运行时,并联电阻不投入运行,消弧线圈工作在过补偿状态。当瞬时性单相接地时,互感器检测到零序电流超出整定值,首先利用消弧线圈抑制容性电流,避免故障电弧,减少瞬时性接地故障的危害。若发生故障后一定时间内故障电流未能减小,零序电压仍维持较大值,则判定为永久性接地故障,控制装置使得并联电阻开关闭合,从而利用保护装置跳闸切除故障。中性点经消弧线圈并联电阻接地系统等效电路如图 2.5 所示,其图中符号含义与图 2.1 相同。

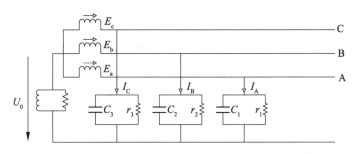

图 2.5　中性点经消弧线圈并联电阻接地系统

中性点消弧线圈并联小电阻接地系统有以下特点：

（1）相比小电阻接地系统，消弧线圈并联小电阻接地系统的供电可靠性高。小电阻接地系统对于瞬时接地故障和永久性接地故障均作用跳闸；而消弧线圈并联小电阻接地系统只对永久性接地故障跳闸，对于瞬时接地故障，由于消弧线圈的作用，接地残流被补偿到很小的状态，难以重燃，故能保证发生瞬时接地故障时不中断对用户的供电。

（2）相比消弧线圈接地系统，消弧线圈并联小电阻接地系统能快速隔离永久性接地故障，使系统迅速恢复稳定运行，缩短电气设备（如电缆）带故障运行的时间，保障电网设备的安全运行。根据以上情况，消弧线圈并联小电阻接地系统在发生瞬时接地故障时能够补偿系统电容电流，减小接地残流，保证电弧的快速熄灭；在发生永久性接地故障时又能够快速隔离故障，保障既有电缆出线又有架空出线的城市配电网的安全、可靠运行。

2.2　不同接地方式下配电网故障机理解析

2.2.1　中性点不接地配电网

忽略线路三相对地电导并假设对地电容和线间分布电容均相等，中性点不接地配电网发生单相接地故障时的示意图如图 2.6 所示。

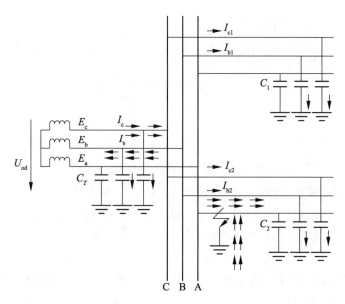

图 2.6　中性点不接地配电网发生单相接地故障

此时，故障相对地电压降为 0，线电压不变，健全相对地电压由相电压变为线电压，因此各相电压可表示为

$$\begin{cases} \dot{U}_A = 0 \\ \dot{U}_B = \dot{E}_B - \dot{E}_A = \sqrt{3}\dot{E}_A e^{-j120°} \\ \dot{U}_C = \dot{E}_C - \dot{E}_A = \sqrt{3}\dot{E}_A e^{j120°} \end{cases} \tag{2.1}$$

健全线路相电压在数值上变为线电压。母线零序电压可表示为

$$\dot{U}_0 = \frac{1}{3}(\dot{U}_A + \dot{U}_B + \dot{U}_C) = -\dot{E}_A \tag{2.2}$$

由式（2.2）可以看出，网络零序电压即为正常情况下系统相额定电压。健全线路的零序电流可表示为

$$3\dot{I}_{01} = 3j\omega C_1 \dot{U}_0 \tag{2.3}$$

故障线路的零序电流可表示为

$$3\dot{I}_{02} = -3(\dot{I}_{01} + \dot{I}_{02} + \dot{I}_{0T}) = -3j\omega(C_1 + C_2 + C_T)\dot{U}_0 \tag{2.4}$$

此外，中性点不接地系统发生单相接地故障时，非故障相易产生高频振荡电压，其故障暂态等值模型如图 2.7 所示。图中，e 为故障发生前的瞬时电压，大小为 $E_m \sin(\omega t + \varphi)$，电容电压 u_c 可表示为

$$\begin{cases} u_c = u'_c + u''_c \\ u'_c = \dfrac{E_m}{2\omega C}\sin\left(\omega t + \phi - \varphi - \dfrac{\pi}{2}\right) \\ u''_c = \dfrac{\cos(\phi-\varphi)}{\sin\alpha}\mathrm{e}^{-bt}\sin(\omega_1 t + \alpha) - \sin(\phi-\varphi)\,\mathrm{e}^{-bt}\sin(\omega_1 t) \end{cases} \tag{2.5}$$

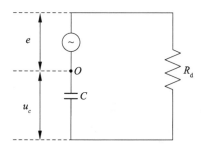

图 2.7　中性点不接地系统单相接地故障暂态等值模型

暂态电容电压 u_c 包含强迫分量 u'_c 和自由分量 u''_c 两部分。式（2.5）中的各参数满足：

$$\begin{cases} \alpha = \arctan\dfrac{\omega_1}{b} \\ \omega_1 = \omega_0\sqrt{1-\left(\dfrac{3R_d C\omega_0}{2}\right)^2}, \quad \omega_0 = \dfrac{1}{\sqrt{LC}} \\ b = \dfrac{3R_d}{2L} = \left(\dfrac{3R_d C\omega_0}{2}\right)^2 \\ \varphi = \arctan\dfrac{\omega L - 1/\omega C}{3R_d} \end{cases} \tag{2.6}$$

当 ω_1 远小于 ω_0 且 $\varphi = \pi/2$ 时，电容暂态电压 u_c 的幅值最大值 $(U_C)_{\max}$ 是短路稳态电压 u'_c 幅值最大值 $(U'_C)_{\max}$ 的两倍。即短路点将出现间歇性的弧光过电压，其故障相可能出现的过电压大小为 $(1.5\sim2.5)\,U_\phi$，而健全相的相电压可能出现的过电压为 $(2.5\sim3.5)\,U_\phi$。

通过以上分析可知，中性点不接地配电网发生故障时具有以下显著特点：

（1）三相之间的电压不会改变，但三相电压不再对称，存在零序分量；

（2）故障和健全线路的零序电流相位相反，且故障线路零序电流幅值最大；

（3）故障线路的零序电流等于小电流接地系统总对地电容电流，健全线路的零序电流等于本线路对地电容电流；

（4）中性点不接地系统单相接地故障的暂态过电压较大，非故障相暂态过电压可达到 2.5~3.5 倍的额定相电压。

2.2.2 中性点直接接地配电网

随着电力系统电压等级的升高，对绝缘的投资大大增加，为降低设备造价，可采用中性点直接接地方式，中性点直接接地配电网单相接地故障示意图如图 2.8 所示。

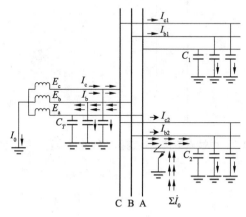

图 2.8 中性点直接接地配电网单相接地故障

正常情况下，中性点直接接地的配电网三相电压对称，中性点无电流流过，当发生单相接地故障时，故障电流应为

$$\sum \dot{I}_0 = -\frac{\dot{E}_A}{r} - 3j\omega(C_1 + C_2 + C_T)\dot{U}_0 \approx -\frac{\dot{E}_A}{r} \tag{2.7}$$

式中：r 为故障点和中性点接地构成的回路总阻抗。由于 r 较小，其故障电流远大于不接地系统，对人身安全有较大影响。

由于中性点直接接地系统暂态等值电路为一阶等效电流，其暂态过电压可不考虑。因此，中性点直接接地配电网发生故障时的特征可归纳如下：

（1）中性点和故障点将流过较大的故障电流；

（2）故障电流的大小主要由故障回路阻抗，即单相接地的过渡电阻决定；

（3）不存在暂态过电压问题，但由于故障点流过的电流较大，易产生较大跨步电压。

2.2.3 中性点经消弧线圈接地配电网

中性点经消弧线圈接地配电网发生单相接地故障时的示意图如图 2.9 所示。

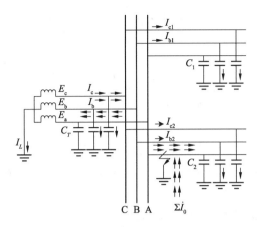

图 2.9 中性点经消弧线圈接地配电网单相接地故障

当系统发生单相接地故障时，对于健全线路，消弧线圈接地方式下的零序电流和不接地系统时的健全线路相同；对于故障线路，由于消弧线圈的接入，容性电流将被削弱或抵消，其基波零序电流可表示为

$$\sum \dot{I}_0 = (P + 2)\dot{I}_C \tag{2.8}$$

式中：$\dot{I}_C$ 为对地电容电流之和，计算公式如下：

$$\dot{I}_C = -3(\dot{I}_{01} + \dot{I}_{02} + \dot{I}_{0T}) \tag{2.9}$$

$$P = (\dot{I}_L - \dot{I}_C) / \dot{I}_C \tag{2.10}$$

式中：P 为消弧线圈电感电流 $\dot{I}_L$ 对电容电流的补偿度；$\dot{I}_C$ 和 $\dot{I}_L$ 的相位相差 180°，因此零序电流会随着消弧线圈补偿度的不同而变化。

其中，消弧线圈主要有 3 种补偿方式：

（1）欠补偿：$P<0$，即 $\dot{I}_L<\dot{I}_C$，此时系统电流呈容性，这时

$$L > \frac{1}{3\omega^2 C} \tag{2.11}$$

式中：L 表示消弧线圈电感值；C 表示系统总对地电容。

（2）全补偿：$P=0$，即 $\dot{I}_L=\dot{I}_C$，此时接地点的电流为零，这时

$$L = \frac{1}{3\omega^2 C} \tag{2.12}$$

电网将处于串联谐振的状态，使正常运行时的中性点位移电压大为提高，相当于不接地系统时的 10 倍乃至更高，因此消弧线圈一般不采用全补偿方式（安装自动跟踪消弧装置除外）。

（3）过补偿：当 $P>0$ 时，即 $\dot{I}_L>\dot{I}_C$。过补偿情况下，一般设置过补偿度为 5%~10%，此时

$$L<\frac{1}{3\omega^2 C} \tag{2.13}$$

通过选择合适大小的消弧线圈，可使系统工作条件满足谐振条件，这样可加速接地电弧熄灭。

若消弧线圈工作在谐振点附近，过补偿与欠补偿在灭弧方面几乎没有差别，但两者在过电压方面相差很大。综合考虑，电力系统在运行时，一般选择过补偿方式。

中性点经消弧线圈接地的系统在发生单相故障时，其产生的过电压为

$$\begin{cases} u_A=（1.5~2.5）U_\phi \\ u_B=（2.5~3.2）U_\phi \\ u_C=（2.5~3.2）U_\phi \end{cases} \tag{2.14}$$

通过以上分析可知，中性点经消弧线圈接地配电网发生故障时的特征主要有：

（1）单相接地故障时，消弧线圈产生感性电流，削弱或抵消线路对地电容电流，单相接地故障电流仅为补偿后很小的残余电流；

（2）故障电流被限制在很低的水平；

（3）消弧线圈接地系统工作于过补偿状态，其单相接地故障时的暂态过电压可达到 2.5~3.2 倍的额定相电压。

2.2.4　中性点经小电阻接地配电网

中性点经小电阻接地配电网发生单相接地故障时的示意图如图 2.10 所示。由于中性点接地电阻的阻抗远小于线路对地电容的容抗，因此故障分析中可忽略线路电容，其中 R_g 为中性点接地电阻，R_i 为故障点 K 的接地过渡电阻。

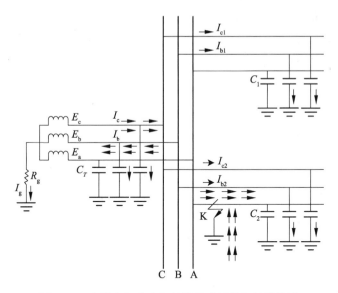

图 2.10　中性点经小电阻接地配电网单相接地故障

根据对称分量法，故障点电压、电流的边界条件可以写为

$$\dot{U}_{KA} = \dot{U}_{K1} + \dot{U}_{K2} + \dot{U}_{K0} = \dot{I}_{KA} R_i \tag{2.15}$$

$$\dot{I}_{KC} = \alpha \dot{I}_{K1} + \alpha^2 \dot{I}_{K2} + \dot{I}_{K0} = 0 \tag{2.16}$$

$$\dot{I}_{KB} = \alpha^2 \dot{I}_{K1} + \alpha \dot{I}_{K2} + \dot{I}_{K0} = 0 \tag{2.17}$$

式中：$\dot{U}_{K1}$、$\dot{U}_{K2}$、$\dot{U}_{K0}$ 分别为故障点 A 相电压的正序、负序和零序分量；$\dot{I}_{K1}$、$\dot{I}_{K2}$、$\dot{I}_{K0}$ 分别为 A 相故障电流的正序、负序和零序分量。

根据式（2.14）~式（2.16）的边界条件，可以建立中性点经小电阻接地配电网的零序网络，如图 2.11 所示。

由于 R_g 要流过 3 倍零序电流，由此母线零序电压可表示为

$$\dot{U}_{M0} = - Z_{S0} \sum \dot{I}_{K0} \tag{2.18}$$

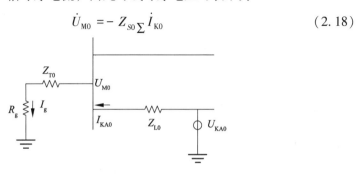

图 2.11　单相接地故障时的零序网络图

式中：$Z_{s0\Sigma}=3R_{\mathrm{g}}+Z_{T0}$ 表示系统侧总零序阻抗。

综合边界条件和序网络的各方程可得线路的正序、负序和零序电流的表达式为

$$\dot{I}_{\mathrm{K}0}=\dot{I}_{\mathrm{K}1}=\dot{I}_{\mathrm{K}2}=\frac{1}{3}\dot{I}_{\mathrm{KA}}=-\frac{\dot{U}_{\varphi}}{Z_{s\Sigma}+Z_{L\Sigma}} \tag{2.19}$$

接地变零序电流为

$$\dot{I}_{\mathrm{g}}=-\dot{I}_{\mathrm{KA}}=\frac{3\dot{U}_{\varphi}}{Z_{s\Sigma}+Z_{L\Sigma}} \tag{2.20}$$

式中：$Z_{S\Sigma}=2Z_{S1\Sigma}+Z_{S0\Sigma}$ 表示小电阻接地系统的系统侧总阻抗；$Z_{L\Sigma}$ 表示计及过渡电阻后的线路侧总阻抗，表达式为

$$Z_{L\Sigma}=2Z_{L1}+Z_{L0}+3R_t \tag{2.21}$$

中性点经小电阻接地系统发生间歇性弧光过电压时，非故障相将产生较大的过电压，其第一次燃弧时过电压表达式为

$$u'''+\frac{3R_{\mathrm{g}}}{L}u''+\frac{1}{LC}u'+\frac{R_{\mathrm{g}}}{L^2C}u=-1.5U_{\mathrm{m}}\frac{R_{\mathrm{g}}}{L^2C} \tag{2.22}$$

式中：u 表示非故障相瞬时电压；u'、u''、u''' 分别是 u 的一阶、二阶和三阶导数；L 表示系统感；C 表示总对地电容；U_{m} 表示额定电压幅值。

中性点电阻越小，第一次燃弧后振荡的最大过电压越小。在第二次燃弧时电荷几乎衰减为零，相应的中性点偏移直流电压亦近似衰减为零，且熄弧初始时刻的电荷量实际达不到中性点不接地时的值，因此可以认为在这种情况下，第二次燃弧时其过电压受第一次燃弧时的电荷积累影响较小，其最大间歇性电弧接地过电压不超过 2.5 倍相电压。

对于小电阻接地系统，其弧光过电压倍数 η 可以根据下式估算：

$$\eta=1.5\sqrt{1+\left(\frac{1}{K}+\frac{1}{\sqrt{3}}\right)^2} \tag{2.23}$$

式中：$K=\dfrac{1}{\omega CR_{\mathrm{g}}}$，通常 K 取值为 1.5~3.0。

通过上述的分析可知，中性点经小电阻接地配电网发生故障时具有以下特征：

（1）小电阻接地的配电网单相接地故障电流显著大于不接地和消弧线圈接地的配电网；

（2）单相接地故障电流取决于系统侧总阻抗与线路侧总阻抗之和 $Z_{S\Sigma}+Z_{L\Sigma}$，其中中性点接地电阻 R_{g} 对零序电流的大小起主导作用，当 R_{g} 的数值较大时，零

序电流的幅值可能较小；

（3）正序、负序、零序电流大小相等，且零序电流大小等于故障相电流的 1/3。

2.2.5 中性点经消弧线圈并联电阻接地配电网

中性点经消弧线圈并联电阻接地配电网发生单相接地故障时的示意图如图 2.12 所示，其中 L_p 为消弧线圈电感，R_p 为并联电阻阻值，K 为中性点电阻控制开关。单相接地故障发生后，中性点经消弧线圈并联电阻接地系统经历了两个阶段：第一阶段为消弧线圈接地系统，此时故障点电流经消弧线圈补偿作用，其幅值较小；第二阶段，小电阻投入，减小故障回路阻抗，故障点电流迅速增大。

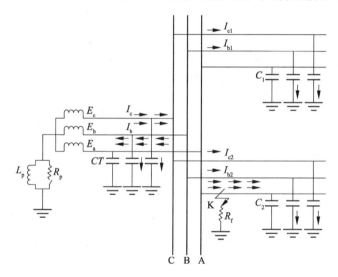

图 2.12 中性点经消弧线圈并联电阻接地配电网单相接地故障

投入电阻 R_p 后，零序电压降低，其表达式为

$$\dot{U}_0 = -\frac{\left(\dfrac{1}{R_p} + \dfrac{1}{j\omega L_p} + j3\omega C_\Sigma\right)\dot{E}_A}{R_f + \left(\dfrac{1}{R_p} + \dfrac{1}{j\omega L_p} + j3\omega C_\Sigma\right)^{-1}} = -\frac{\dot{E}_A}{1 + \dfrac{R_f}{R_p} + jR_f\left(3\omega C_\Sigma - \dfrac{1}{\omega L_p}\right)} \quad (2.24)$$

式中：$C_\Sigma = C_1 + C_2 + C_T$ 为系统总对地电容。

零序电压 $\dot{U}_0$ 的降低使得故障点残余电流中的零序电流的无功分量呈减小趋势，而有功分量呈增加趋势，使零序电流总体上呈增大趋势，故障点电流表达式为

$$\dot{I}_{\text{f}} = \dot{I}_{R_{\text{p}}} + \dot{I}_{L_{\text{p}}} + \dot{I}_{C_{\Sigma}} = \left(\frac{1}{R_{\text{p}}} + \frac{1}{j\omega L_{\text{p}}} + j3\omega C_{\Sigma} \right) \dot{U}_0 = \left(\frac{1}{R_{\text{p}}} + j\frac{3\omega^2 LC_{\Sigma} - 1}{\omega L_{\text{p}}} \right) \dot{U}_0 \quad (2.25)$$

非故障线路的零序电流仍为原线路的电容电流，相位超前于零序电压 $90°$，其表达式为

$$3\dot{I}_{01} = \dot{I}_{a1} + \dot{I}_{b1} + \dot{I}_{c1} = j3\omega C_1 \dot{U}_0 \quad (2.26)$$

单相接地故障情况下，中性点并联电阻产生的阻性电流主要流经中性点至故障线路接地点电源侧的部分线路。故障线路始端与故障点之间增加了由 R_{p} 产生的有功电流，其相位与零序电压相差 $180°$，过补偿时故障线路无功电流为感性，超前于零序电压 $90°$，因此零序电流与电压之间的相位差大于 $90°$ 且小于 $180°$。故障馈线的零序电流为

$$3\dot{I}_{02} = \left[-\frac{1}{R_{\text{p}}} + j\left(\frac{1}{\omega L_{\text{p}}} - 3\omega C_{\Sigma} \right) \right] \dot{U}_0 \quad (2.27)$$

对于消弧线圈并联电阻接地配电网，其单相接地弧光过电压可近似认为由稳态值和振荡幅值组成，非故障相的过电压可表示为

$$u_h(t) = U_{\text{m}} \left[\cos(\omega t + \varphi) - e^{-\frac{t}{T}} \cos(\omega_0 t + \varphi) \right] \quad (2.28)$$

式中：U_{m} 表示额定相电压幅值；T 表示衰减时间常数；φ 表示相角；ω 为电源角频率；ω_0 为自振角频率。

ω 和 ω_0 的关系可表示为

$$\omega_0 = \omega \sqrt{1 - P} \quad (2.29)$$

式中：P 为补偿度。

并联电阻的投入将减小衰减时间常数，使系统残余电荷在较短时间内衰减，从而避免弧光过电压的发生。根据相关理论分析，只要并联电阻值不大于系统对地容抗，就可以有效地抑制弧光过电压。

通过以上分析可知，中性点经消弧线圈并联电阻接地配电网发生故障时具有以下特点：

（1）单相接地故障发生时，消弧线圈的补偿作用有效抑制了故障电流大小；

（2）并联电阻投入后，网络零序阻抗迅速减小，故障线路零序电流迅速增大，而非故障馈线零序电流仍等于对地电容电流；

（3）并联电阻投入后，能快速将系统残余电荷在短时间内泄放完毕，有效抑制弧光过电压，使得过电压不超过 2.5 倍额定相电压。

2.2.6　不同接地方式下配电网故障测试

1. 测试对象与条件

采用如图 2.13 所示的典型配电网拓扑结构，主要测试不同馈线数量、不同供电半径和不同过渡电阻下各种中性点接地配电网发生单相接地故障时的特性，同时测试消弧线圈容量和消弧线圈并联电阻接地的控制方式对配电网单相接地故障特征的影响。

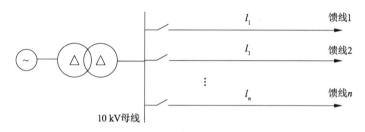

图 2.13　典型配电网拓扑结构

在馈线数量为 4 条、8 条、12 条和 16 条的情况下，供电半径考虑 1 km、4 km、8 km 和 12 km；过渡电阻考虑 10 Ω、100 Ω、300 Ω 和 500 Ω。实际电力系统中的 10 kV 配电网有着复杂的连线与结构，10 kV 母线上有多回分支线路，各条分支线路带有不同负载。在不影响分析结果的情况下，搭建仿真模型时可以对实际系统进行简化。根据某地区配电网配电线路实际参数设置，线路采用"π"型等效模型，变压器采用理想模型，不计损耗。主要仿真参数如下：

（1）线路正序参数：$R_1 = 0.031$ Ω/km，$L_1 = 0.096$ mH/km，$C_1 = 0.338$ μF/km。

（2）线路零序参数：$R_0 = 0.234$ Ω/km，$L_0 = 0.355$ mH/km，$C_0 = 0.265$ μF/km。

2. 中性点不接地配电网测试

在 PSCAD/EMTDC 软件中搭建的中性点不接地配电网仿真模型如图 2.14 所示，主要包括电源、变压器、母线、线路、负载与接地故障 6 个部分。

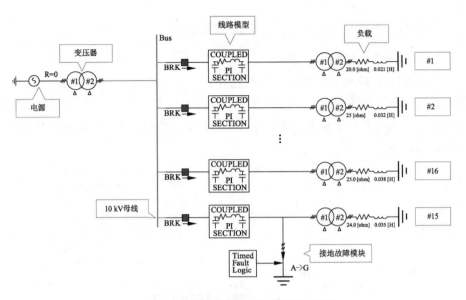

图 2.14 中性点不接地配电网仿真模型

当#1、#2、#3、#4 馈线投入而其他馈线断开时，线路#4 末端 A 相发生接地金属性接地故障，故障点电流和母线电压波形如图 2.15 所示。

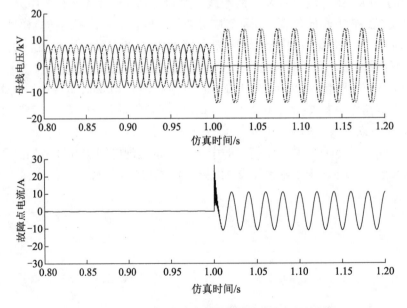

图 2.15 中性点不接地配电网单相故障特征仿真波形

此时，非故障相电压升高至线电压，故障点电流为 7.7 A，与系统对地电容电流的理论值 7.56 A 接近。

　　改变单相接地故障的过渡电阻阻值，故障点的电流如图 2.16 所示。随着过渡电阻的增大，单相接地故障电流幅值呈减小趋势，但是由于故障回路中容抗较大，因此过渡电阻对故障电流的影响较小，故障电流仍约等于系统对地电容电流。

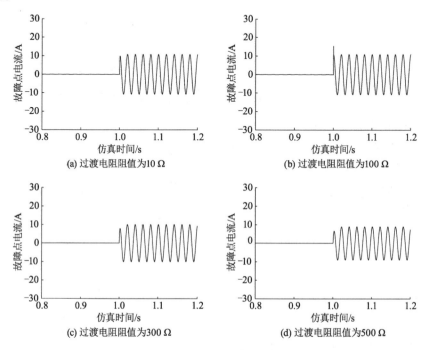

(a) 过渡电阻阻值为10 Ω　　　　　　　(b) 过渡电阻阻值为100 Ω

(c) 过渡电阻阻值为300 Ω　　　　　　　(d) 过渡电阻阻值为500 Ω

图 2.16　中性点不接地配电网单相故障电流随过渡电阻阻值的变化

　　改变供电半径长度，故障点的电流如图 2.17 所示。随着供电半径的增加，系统对地电容增大，故障电流的幅值呈增长趋势。

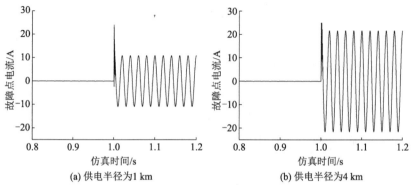

(a) 供电半径为1 km　　　　　　　　(b) 供电半径为4 km

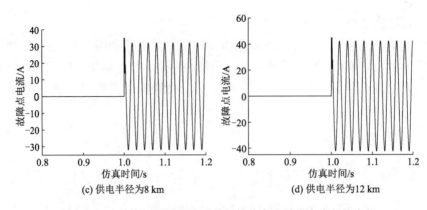

(c) 供电半径为8 km

(d) 供电半径为12 km

图 2.17 中性点不接地配电网单相故障电流随供电半径的变化

改变馈线数量，故障点的电流如图 2.18 所示。随着 10 kV 馈线数量的增加，系统对地电容增大，因此故障电流幅值呈增长趋势。

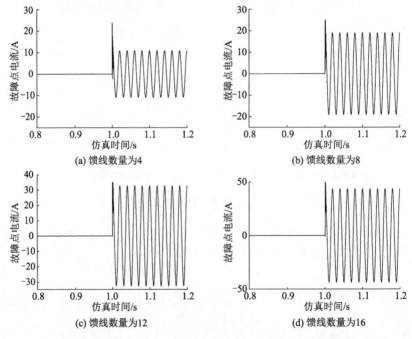

(a) 馈线数量为4

(b) 馈线数量为8

(c) 馈线数量为12

(d) 馈线数量为16

图 2.18 中性点不接地配电网单相故障电流随馈线数量的变化

对中性点不接地配电网进行单相弧光接地故障仿真，馈线数为 4 条，故障点位于馈线 4 末端 A 相，过渡电阻取 10 Ω，母线处的三相电压变化情况如图 2.19 所示。

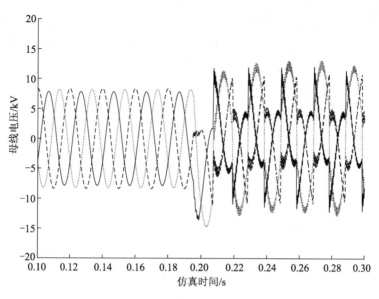

图 2.19　中性点不接地配电网弧光接地过电压仿真波形

非故障相和故障相出现了较大的过电压，其中非故障相电压达到 1.9 p.u. ，故障相过电压达到 1.875 p.u. 。改变过渡电阻阻值，单相弧光接地故障时母线电压的变化情况见表 2.1。

表 2.1　过渡电阻不同时中性点不接地配电网弧光过电压倍数

过渡电阻/Ω	母线电压/p.u.		
	A 相	B 相	C 相
0	2.045	3.363	2.910
0.5	1.933	3.113	3.258
1.0	1.991	3.059	2.863
5.0	1.974	1.991	1.679
10.0	1.875	1.890	1.634

通过以上分析可知，中性点不接地配电网发生单相接地故障时具有以下特点：

（1）单相接地故障电流等于系统总对地电容电流；

（2）过渡电阻对于单相接地故障电流幅值的影响较小；

（3）出线数量和供电半径的增加，使得系统总对地电容电流增大，单相接地故障电流也会相应地增大。

（4）单相接地弧光过电压倍数可达 3.36 p.u. ，且弧光过电压倍数随着过渡电阻的增大而减小。

3. 中性点直接接地配电网测试

在 PSCAD/EMTDC 软件中搭建的中性点不接地配电网仿真模型如图 2.20 所示。

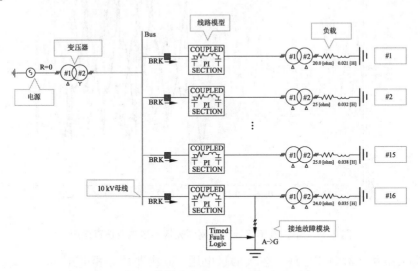

图 2.20　中性点直接接地配电网仿真模型

设定单相接地故障仿真条件：#1、#2、#3、#4 馈线投入而其他馈线断开时，线路#4 末端 A 相发生接地金属性接地故障，故障开始时刻为 $t=1$ s，故障持续时间为 0.5 s。单相接地故障时母线电压和故障点电流的变化情况如图 2.21 所示。

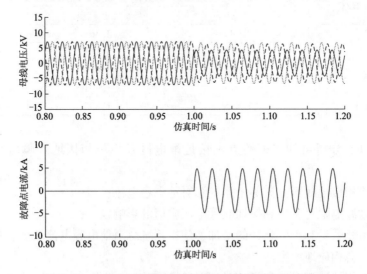

图 2.21　中性点直接接地配电网单相故障特征仿真波形

故障相电压降低至 4.3 kV，由于中性点的电位钳制作用，非故障相电压幅值基本保持不变，故障电流为 3.5 kA，将对系统设备造成巨大的冲击。改变单相接地故障过渡电阻，单相接地故障电流的变化情况如图 2.22 所示。随着过渡电阻的增大，故障点电流呈下降趋势且变化趋势明显，过渡电阻与故障电流近似呈反比。

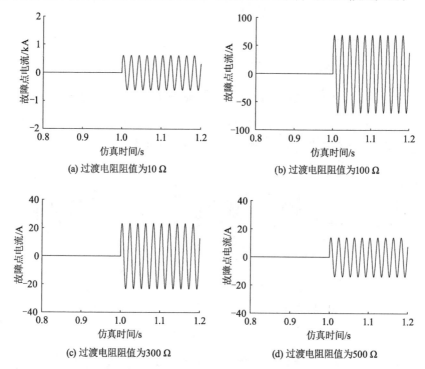

图 2.22　中性点直接接地配电网单相故障电流随过渡电阻阻值的变化

改变供电半径长度，故障点电流的变化情况如图 2.23 所示。随着供电半径的增加，线路总阻抗在增大，线路末端单相接地故障电流呈减小趋势，但趋势不明显。

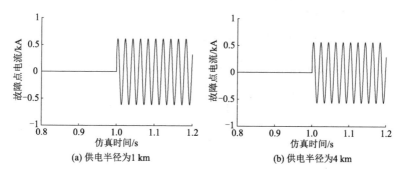

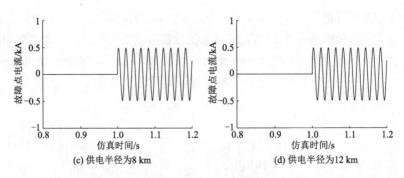

图 2.23　中性点直接接地配电网单相故障电流随供电半径的变化

改变馈线数量，故障点电流的变化情况如图 2.24 所示，可见随着 10 kV 馈线数量的变化，线路末端单相接地故障电流几乎不受影响。

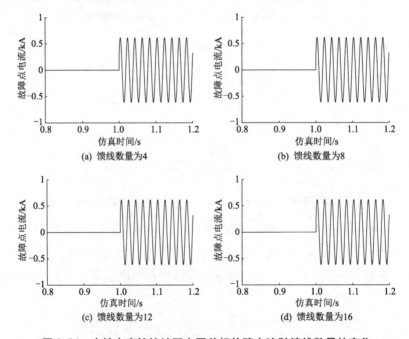

图 2.24　中性点直接接地配电网单相故障电流随馈线数量的变化

对中性点直接接地配电网进行单相弧光接地故障仿真，过渡电阻取 10 Ω，母线处的三相电压以及故障点电压变化情况如图 2.25 所示。故障点电压在经过 0.04 s 后恢复正常，母线三相电压没有变化。

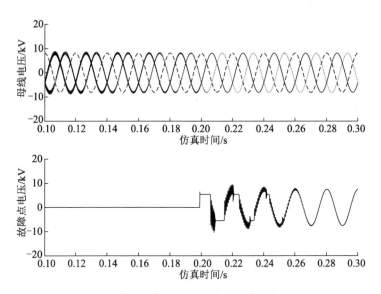

图 2.25　中性点直接接地配电网弧光接地过电压仿真波形

通过以上仿真可知，中性点直接接地配电网发生单相接地故障时具有以下特点：

（1）单相接地故障电流较大，可达数百至数千安培，对人身安全影响较大；

（2）单相接地故障电流受过渡电阻阻值影响较大，两者呈反比关系；

（3）馈线供电半径增加对线路末端单相接地故障电流的影响较小；

（4）馈线数量的变化对线路单相接地故障电流没有影响；

（5）可完全抑制间歇性弧光过电压。

4. 中性点经消弧线圈接地配电网测试

在 PSCAD/EMTDC 上搭建的中性点经消弧线圈接地配电网仿真模型如图 2.26 所示。

当#1、#2、#3、#4 馈线投入而其他馈线断开时，线路#4 末端 A 相发生接地金属性接地故障，故障点电流和母线电压波形如图 2.27 所示。

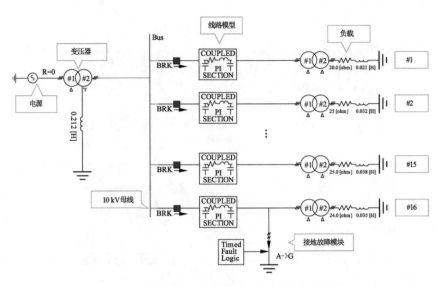

图 2.26 中性点经消弧线圈接地配电网仿真模型

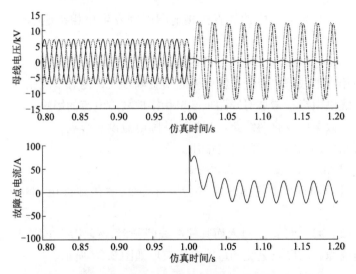

图 2.27 中性点经消弧线圈接地配电网单相故障特征仿真波形

消弧线圈补偿状态分为欠补偿、全补偿和过补偿三种。在仿真过程中，改变消弧线圈容量，模拟消弧线圈的补偿状态，如图 2.27~图 2.30 所示。

图 2.27 所示为消弧线圈工作在过补偿状态，故障点电流经较短的暂态过程稳定在 20 A 左右，故障相电压幅值降至 0.3 kV。

图 2.28 为消弧线圈补偿度为 0，即全补偿状态下的故障波形，故障点电流接近于 0，故障相电压跌至 0。

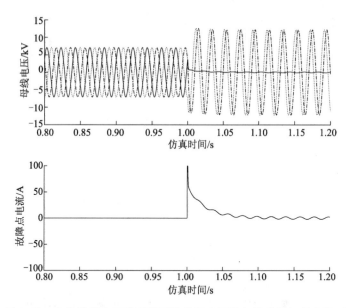

图 2.28　全补偿状态下消弧线圈接地配电网单相故障特征仿真波形

图 2.29 为消弧线圈补偿度为-30%，即欠补偿状态的故障波形，故障电流呈容性，约为 20 A，故障相电压跌至 0.4 kV。

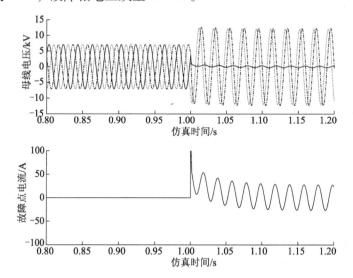

图 2.29　欠补偿状态下消弧线圈接地配电网单相故障特征仿真波形

改变过渡电阻阻值，使消弧线圈工作在过补偿状态，线路末端单相接地故障时，故障电流的变化情况如图 2.30 所示。随着过渡电阻的增大，故障电流的暂态特征变小，稳态故障电流的幅值呈减少趋势。

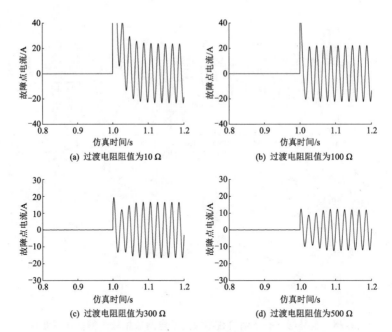

图 2.30　中性点经消弧线圈接地单相故障电流随过渡电阻的变化

　　改变供电半径长度，线路末端发生单相接地故障，故障电流的变化情况如图 2.31 所示。随着线路供电半径的增加，故障电流先减小后增大，电流从感性逐渐变为容性，消弧线圈从过补偿状态变为欠补偿状态。

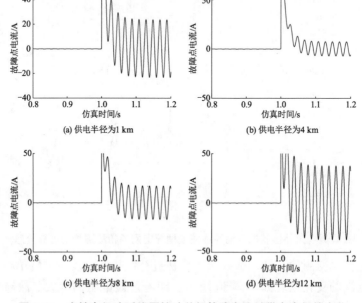

图 2.31　中性点经消弧线圈接地单相故障电流随供电半径的变化

改变馈线数量，线路末端发生单相接地故障，故障电流的变化情况如图 2.32 所示。随着馈线数量的增加，故障电流先减小后增大，电流从感性逐渐变为容性，消弧线圈从过补偿状态变为欠补偿状态。

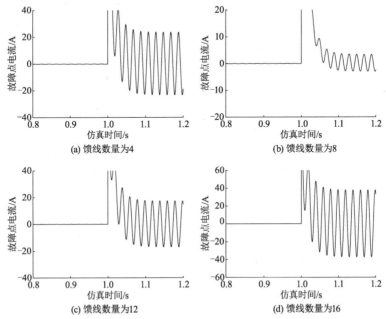

图 2.32 中性点经消弧线圈接地单相故障电流随馈线数量的变化

对中性点经消弧线圈接地配电网进行单相弧光接地故障仿真，馈线数为 16 条，故障点位于馈线 16 末端 A 相，消弧线圈电感为 0.212 H，处于过补偿状态，母线处的三相电压变化情况如图 2.33 所示。非故障相和故障相出现了较大的过电压，其中非故障相过电压达到 1.89 p.u.，故障相过电压达到 1.625 p.u.。

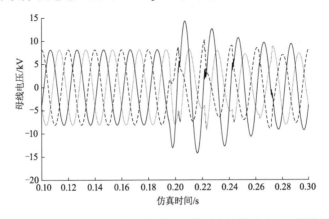

图 2.33 中性点经消弧线圈接地配电网弧光接地过电压仿真波形

改变消弧线圈补偿电感值，单相弧光接地故障时母线电压的变化情况见表2.2。随着补偿电感的增大，各相弧光接地过电压倍数增大，当采用过补偿时，弧光过电压倍数被限制到 2.3 p.u. 以下。

表 2.2　消弧线圈补偿电感不同时中性点经消弧线圈接地的弧光过电压

补偿电感/H	消弧线圈补偿状态	母线电压/p.u.		
		A 相	B 相	C 相
0.10	过补偿	1.468	1.821	1.622
0.22	过补偿	1.631	1.890	1.645
0.34	过补偿	1.648	2.260	1.912
0.46	欠补偿	1.719	2.382	2.024
0.58	欠补偿	1.790	2.423	2.062
0.70	欠补偿	1.842	2.462	2.100

通过以上的仿真可知，中性点经消弧线圈接地配电网发生单相接地故障时具有以下特点：

（1）消弧线圈的补偿作用可以将单相接地故障电流限制在很小的范围内；

（2）单相接地过渡电阻影响着故障电流大小，过渡电阻阻值越大，故障电流越小；

（3）出线数量和供电半径的变化，改变了系统总对地电容电流，会使得消弧线圈的工作状态发生变化，有可能从过补偿状态变为全补偿或欠补偿状态；

（4）当消弧线圈工作在过补偿状态时，弧光接地过电压倍数将被限制到 2.3 p.u. 以下。

5. 中性点经小电阻接地配电网测试

在 PSCAD/EMTDC 软件中搭建的中性点经小电阻接地配电网仿真模型如图 2.34 所示，其中中性点阻值取 10 Ω。由于单相短路故障时的过渡电阻存在差异，因此在仿真过程中，首先考虑单相接地故障过渡电阻的影响。

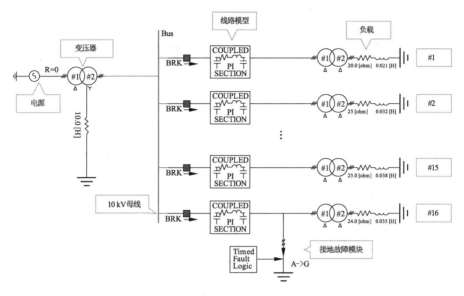

图 2.34　中性点经小电阻接地配电网仿真模型

图 2.35 给出了过渡电阻为 10 Ω、100 Ω、300 Ω 和 500 Ω 时的故障电流和故障电压仿真波形。过渡电阻为 10 Ω 时，单相接地故障电流接近 400 A，与中性点直接接地系统相比，小电阻的存在限制了短路电流的大小。随着过渡电阻的增大，接地故障电流减小，当过渡电阻为 500 Ω 时，故障电流在 10 A 以内，零序电流保护无法在过渡电阻较高时可靠动作，小电阻接地系统面临高阻拒动风险。

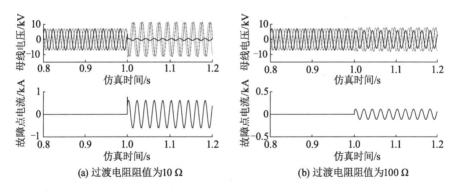

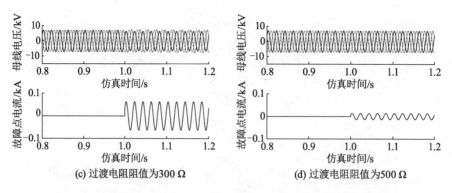

(c) 过渡电阻阻值为300 Ω　　　　　(d) 过渡电阻阻值为500 Ω

图2.35　中性点经小电阻接地配电网单相故障电流随过渡电阻的变化

改变供电半径长度，当馈路4末端发生单相接地故障时，故障电流的变化情况如图2.36所示。随着线路供电半径的增大，单相接地故障电流从270 A逐渐减小为200 A，总体呈减小趋势。

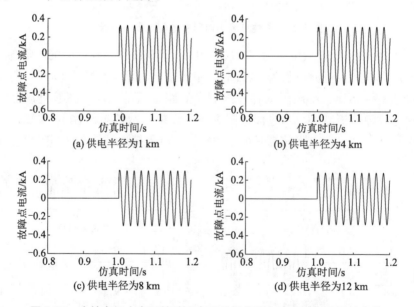

(a) 供电半径为1 km　　　　　　(b) 供电半径为4 km

(c) 供电半径为8 km　　　　　　(d) 供电半径为12 km

图2.36　中性点经小电阻接地配电网单相故障电流随供电半径的变化

改变馈线数量，当馈线4末端发生单相接地故障时，故障电流的变化情况如图2.37所示。随着馈线数量的变化，单相接地故障电流无明显变化，始终保持在270 A左右，馈线数量的变化对单相接地故障电流没有影响。

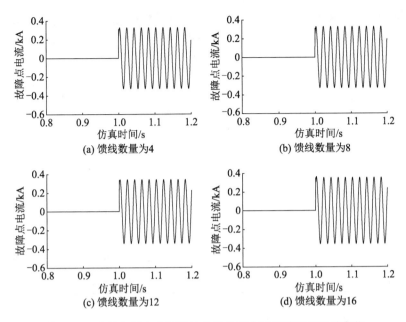

图 2.37　中性点经小电阻接地单相故障电流随馈线数量的变化

对中性点经小电阻接地配电网进行单相弧光接地故障仿真，馈线数为 4 条，故障点位于馈线 4 末端 A 相，母线处的三相电压及故障点电压的变化情况如图 2.38 所示。其中非故障相过电压达到 1.79 p. u. ，故障相过电压达到 1.68 p. u. 。

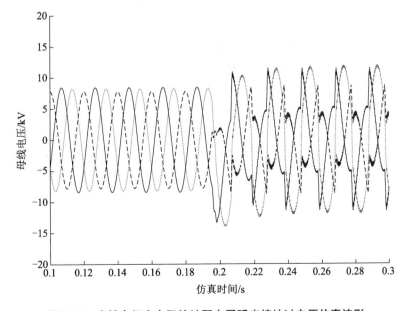

图 2.38　中性点经小电阻接地配电网弧光接地过电压仿真波形

改变中性点电阻阻值，单相弧光接地故障时母线电压的变化情况见表 2.3。随着中性点电阻的减小，出现的弧光接地过电压倍数也在减小。中性点经小电阻接地配电网的弧光接地过电压倍数被限制在 1.9 p.u. 以下。

表 2.3　中性点电阻阻值不同时中性点经小电阻接地弧光过电压倍数

中性点电阻/Ω	母线电压/p.u.		
	A 相	B 相	C 相
1	1.654	1.734	1.457
5	1.696	1.812	1.648
10	1.680	1.790	1.558
16	1.667	1.848	1.587
20	1.604	1.846	1.603
40	1.731	1.897	1.754

通过以上仿真可知，中性点经小电阻接地配电网发生单相接地故障时具有以下特点：

（1）随着过渡电阻增大，故障电流迅速减小单相接地故障电流受过渡电阻的影响显著；

（2）随着线路供电半径的增大，线路末端单相接地故障电流呈减小趋势；

（3）馈线数量的变化对于线路单相接地故障电流的大小没有影响；

（4）弧光接地过电压倍数在 1.9 p.u. 以下。

6. 中性点经消弧线圈并联电阻接地配电网

图 2.39 所示为中性点经消弧线圈并联电阻接地配电网仿真模型。当系统发生单相接地故障时，通过改变小电阻投入时间，系统电压和故障电流变化规律如图 2.40 所示。

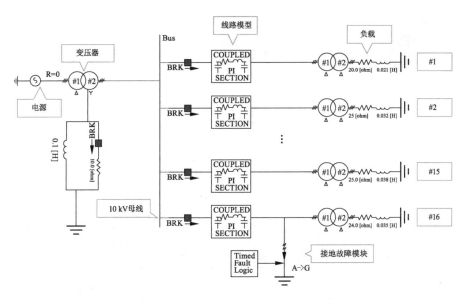

图 2.39　中性点经消弧线圈并联电阻接地配电网仿真模型

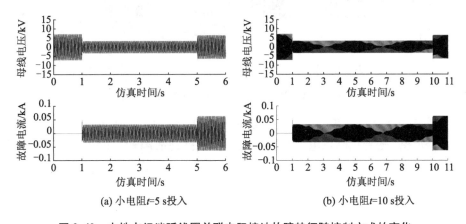

(a) 小电阻 t=5 s投入　　　　　　(b) 小电阻 t=10 s投入

图 2.40　中性点经消弧线圈并联电阻接地故障特征随控制方式的变化

接地故障发生时，消弧线圈的补偿作用使得接地故障点电流处于较小状态，非故障相电压升至线电压，故障相电压趋于 0；当小电阻投入时，接地故障点电流迅速增大，同时故障相电压升高，非故障相电压幅值迅速回落。

改变单相接地故障过渡电阻阻值，消弧线圈并联电阻接地配电网故障电流和电压变化情况如图 2.41 所示。随着过渡电阻的增大，小电阻投入后的故障点电流和母线电压变化明显。

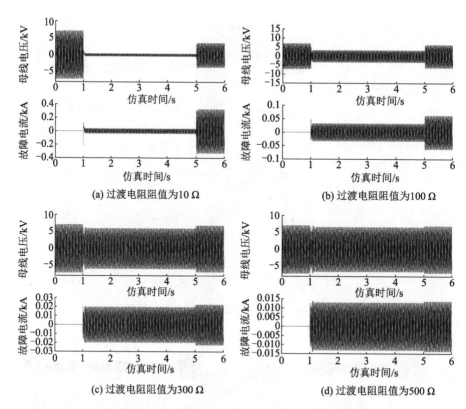

(a) 过渡电阻阻值为10 Ω

(b) 过渡电阻阻值为100 Ω

(c) 过渡电阻阻值为300 Ω

(d) 过渡电阻阻值为500 Ω

图 2.41　中性点经消弧线圈并联电阻接地故障特征随过渡电阻的变化

改变供电半径的长度，当线路末端单相接地故障时，故障电流的变化情况如图 2.42 所示。随着线路供电半径的增大，单相接地故障初始阶段，消弧线圈的补偿作用将故障电流限制在很小的范围内，而当小电阻投入后，故障电流迅速增大至约 400 A。

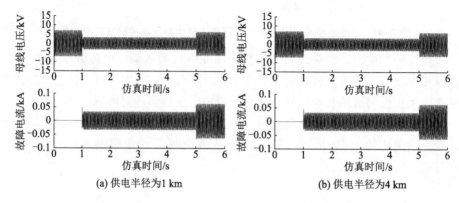

(a) 供电半径为1 km

(b) 供电半径为4 km

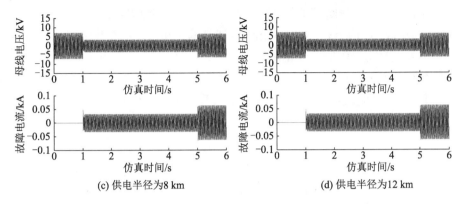

(c) 供电半径为8 km　　　　　　　　　　　　(d) 供电半径为12 km

图 2.42　中性点经消弧线圈并联电阻接地故障特征随供电半径的变化

改变馈线数量，当线路末端单相接地故障时，故障电流的变化情况如图 2.43 所示。随着线路馈线数量的增加，单相接地故障初始阶段，消弧线圈的补偿状态从过补偿转变为欠补偿，当小电阻投入后，故障电流迅速增大，此时故障电流大小与馈线数量无关。

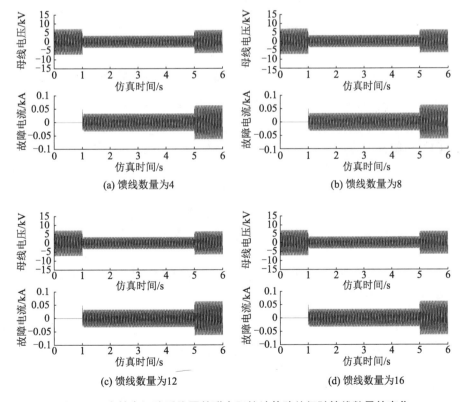

(a) 馈线数量为4　　　　　　　　　　　　(b) 馈线数量为8

(c) 馈线数量为12　　　　　　　　　　　　(d) 馈线数量为16

图 2.43　中性点经消弧线圈并联电阻接地故障特征随馈线数量的变化

对中性点经消弧线圈并联电阻接地配电网进行单相弧光接地故障仿真，馈线数为 4 条，故障点位于馈线 4 末端 A 相，母线处的三相电压的变化情况如图 2.44 所示。故障发生时间为 0.2 s，小电阻投入时间为 0.25 s，随着小电阻的投入，弧光过电压倍数从 1.825 p.u. 降至 1.1 p.u，抑制效果明显；对于中性点经消弧线圈并联电阻接地配电网，其最大弧光过电压倍数等效于消弧线圈接地系统。

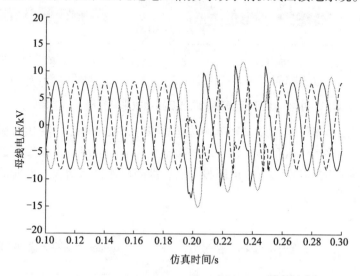

图 2.44　中性点经消弧线圈并联电阻接地弧光接地过电压仿真波形

通过以上的仿真可知，中性点经消弧线圈并联电阻接地配电网发生单相接地故障时具有以下特点：

（1）单相接地故障时，消弧线圈的补偿作用很好地限制了故障电流的大小；

（2）电阻的投入，可以有效降低故障过电压，同时减小故障回路阻抗，使得故障馈线的故障电流显著增长，有利于故障选线；

（3）馈线数量和供电半径的变化，改变了系统总对地电容电流，使得消弧线圈的工作状态发生变化，有可能从过补偿状态变为全补偿或欠补偿状态。

2.3　计及不同中性点接地方式的配电网单相断线保护新方法

2.3.1　计及不同中性点接地方式的配电网单相断线保护概述

我国中压配电网多采用小电流接地方式，但现有断线保护方法仅考虑了中性点不接地或经消弧线圈接地方式。实际上，随着城市化进程的加快及电力电缆的广泛使用，配电网电容电流不断增大，小电阻接地方式已被广泛应用，使得现有断线保护方法不再适用。另外，随着中性点改造工程的开展与推进，智能多模接地、消弧线圈并联电阻接地等方式也开始逐渐应用于配电网，使得实际运行中中性点接地方式可能发生变化，特定中性点接地方式下的断线故障保护方法难以满足配电网实际要求，且不能适应配电网的发展。

单相断线故障严重影响了配电网的安全可靠运行，但现有的断线故障识别和保护方法在可靠性和适用性方面都存在着明显的不足，且尚未考虑系统参数的不平衡以及中性点接地方式对保护的影响。因此，如何准确地识别各种接地方式下的配电网断线故障，并形成具有较高可靠性和灵敏度的断线保护方法，成为本领域技术人员急需解决的问题。

2.3.2　计及不同中性点接地方式的配电网单相断线保护流程

为解决上述技术问题，提出一种考虑中性点接地方式影响的配电网单相断线故障保护方法，包括以下步骤：

（1）S1：判断启动元件是否动作；

（2）S2：判断短路闭锁元件是否动作；

（3）S3：选线元件判定发生单相断线故障的馈线；

（4）S4：信号元件动作，发出告警或跳闸信号。

S1 包括以下步骤：根据配电网中性点接地方式和系统参数，计算正常运行下中性点不平衡电压 U_{unb} 及断线故障下中性点电压变化最大值 U_{0max}；测量中性点电压 U_0，判断启动元件是否动作，若启动元件动作，实施 S2。

S2 包括以下步骤：计算启动元件动作前后母线相电流的变化量 ΔI_{φ}；若 $\Delta I_{\varphi} > 0$，判定为发生短路故障，短路闭锁元件动作；否则，判定为发生断线故障，短路闭锁元件不动作，并实施 S3。

计算启动元件动作前后各馈线出口正、负序电流的变化量，计算各馈线正、负序电流幅值变化量的比值，由选线元件判定发生单相断线故障的馈线。信号元件根据所述启动元件、短路闭锁元件、选线元件的动作判断进行告警或发出跳闸信号。

启动元件是否动作的判据为

$$K_{rel}U_{unb} < U_0 < K_{rel}U_{0max} \tag{2.30}$$

式中：U_0 为中性点电压；U_{unb} 为配电网正常运行下中性点不平衡电压；U_{0max} 为断线故障下中性点电压变化最大值；K_{rel} 为可靠系数，取 1.1~1.2。

当采用中性点不接地方式时，按照如下公式计算 U_{0max}：

$$U_{0\max} = \frac{1}{2k_{\min}} U_{\varphi} \tag{2.31}$$

当采用中性点经消弧线圈接地方式时，按照如下公式计算 $U_{0\max}$：

$$U_{0\max} = \frac{1}{2pk_{\min}} U_{\varphi} \tag{2.32}$$

当采用中性点经小电阻接地方式时，按照如下公式计算 $U_{0\max}$：

$$U_{0\max} = \frac{3R_{d}\omega C_{\max}}{2} U_{\varphi} \tag{2.33}$$

式中：$k_{\min}$ 为配电网总电容与最大馈线电容的比值；$C_{\max}$ 为所有馈线中相对地电容的最大值；p 为消弧线圈过补偿度；R_{d} 为中性点接地小电阻阻值；ω 为系统角频率；U_{φ} 为正常运行相电压。

其中，按照如下公式计算 U_{unb}：

$$U_{\text{unb}} = \lambda U_{\varphi} \tag{2.34}$$

当采用中性点不接地方式时，不对称度按照如下公式计算：

$$\lambda = \left| \frac{C_{A\Sigma} + \alpha^2 C_{B\Sigma} + \alpha C_{C\Sigma}}{C_{\Sigma}} \right| \tag{2.35}$$

当采用中性点经消弧线圈接地方式时，不对称度按照如下公式计算：

$$\lambda = \left| \frac{C_{A\Sigma} + \alpha^2 C_{B\Sigma} + \alpha C_{C\Sigma}}{C_{\Sigma} - \dfrac{1}{\omega^2 L_{p}}} \right| \tag{2.36}$$

当采用中性点经小电阻接地方式时，不对称度按照如下公式计算：

$$\lambda = \left| \frac{C_{A\Sigma} + \alpha^2 C_{B\Sigma} + \alpha C_{C\Sigma}}{C_{\Sigma} + \dfrac{1}{j\omega R_{d}}} \right| \tag{2.37}$$

式中：$\alpha = e^{j120°}$；$C_{A\Sigma}$、$C_{B\Sigma}$、$C_{C\Sigma}$ 分别为系统各相对地电容和；C_{Σ} 为系统三相对地电容总和；L_{p} 为消弧线圈电感。

所述选线元件按照以下原则判定发生断线故障的馈线：若某一馈线 i 的正、负序电流幅值变化量的比值 n_i 满足

$$1 - K_{\text{set}} < n_i < 1 + K_{\text{set}} \tag{2.38}$$

则判定为馈线 i 发生单相断线故障。其中，K_{set} 为裕度，取 $0.1 \sim 0.2$。

配电网单相断线故障保护方法的一种优选方案，其中馈线 i 的正、负序电流幅值变化量的比值 n_i 按如下公式计算：

$$n_i = \frac{\Delta I_{1i}}{\Delta I_{2i}} \tag{2.39}$$

馈线 i 的正序电流变化量 ΔI_{1i} 为

$$\Delta I_{1i}=I_{1i}-I'_{1i} \tag{2.40}$$

馈线 i 的正序电流变化量 ΔI_{2i} 为

$$\Delta I_{2i}=I'_{2i} \tag{2.41}$$

式中：I_{1i} 为启动元件动作前馈线 i 的正序电流；I'_{1i} 为启动元件动作后馈线 i 的正序电流；I'_{2i} 为启动元件动作后馈线 i 的负序电流大小。

图 2.45 即为本项目提供的一种考虑中性点接地方式影响的配电网单相断线故障保护方法的逻辑图。

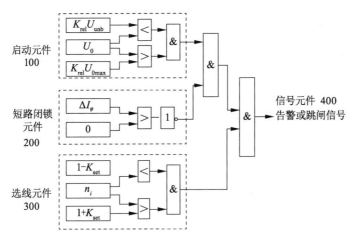

图 2.45　考虑中性点接地方式影响的配电网单相断线故障保护新方法逻辑图

2.3.3　计及不同中性点接地方式的配电网单相断线保护新方法测试

图 2.46 中有 6 条馈线，$\dot{E}_A$、$\dot{E}_B$、$\dot{E}_C$ 为变压器三相感应电动势，$\dot{I}_A$、$\dot{I}_B$、$\dot{I}_C$ 为上一级电网流入母线的三相电流，$\dot{U}_0$ 为中性点电压，中性点接地电阻 R_d 为 10 Ω，消弧线圈电感 L_p 过补偿度为 10%。考虑线路对地电容不对称，参数见表 2.4。

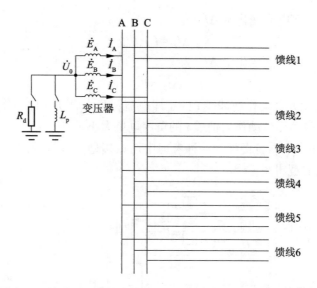

图 2.46 计及不同中性点接地方式的配电网单相断线测试对象

表 2.4 不同馈线线路参数

编号	线路长度/km	对地电容/（μF/km）		
		A 相	B 相	C 相
1	10	0.26	0.28	0.27
2	8	0.30	0.30	0.31
3	9	0.27	0.27	0.27
4	7	0.32	0.31	0.33
5	6	0.29	0.29	0.28
6	5	0.30	0.30	0.30

经过测试平台测试发现，当馈线 1 发生单相断线故障时，采用中性点不接地方式时断线故障中性点电压为 305.61 V，采用中性点经消弧线圈接地方式时断线故障中性点电压为 2941.56 V，采用中性点经小电阻接地方式时断线故障中性点电压为 37.34 V。以上均满足启动元件 100 的动作判据，因此启动元件 100 动作。当馈线 1 发生单相断线故障时，母线相电流变化量为−488，短路闭锁元件 200 不动作。当馈线 1 发生单相断线故障时，各馈线正、负序电流幅值变化量的比值见表 2.5。

表 2.5　各馈线正、负序电流幅值变化量比值

编号	不接地	消弧线圈接地	小电阻接地
1	1.00	1.00	1.00
2	0.44	0.44	0.44
3	0.44	0.44	0.44
4	0.43	0.43	0.43
5	0.44	0.44	0.44
6	0.44	0.44	0.44

从表 2.5 中可知，馈线 1 的正、负序电流幅值变化量比值满足 $0.9 < n_1 < 1.1$，而其他馈线的正、负序电流幅值变化量比值均小于 0.5，则选线元件 300 判断馈线 1 发生断线故障。当馈线 1 发生单相断线故障时，信号元件 400 动作，发出告警或跳闸信号。所提理论与测试结果一致，表明所提的这种计及不同中性点接地方式的配电网单相断线保护新方法能够有效辨识配电网断线故障，满足实际需求。

本书提出的计及不同中性点接地方式的配电网单相断线保护新方法，采用中性点电压作为保护特征量用以识别断线故障，构建各馈线出口正、负序电流幅值变化量的比值作为保护特征量用以判定故障线路。与现有基于负序电流的断线保护方法相比，本方法在确定保护整定值时，考虑了对地电容参数及其不对称度对单相断线故障特征的影响，从而提高了保护特征量的灵敏度，且选线判据与中性点接地方式、系统参数、故障位置、负荷分布等无关，避免了保护整定计算困难的问题，具有较高的可靠性。

本书提出的单相断线保护新方法针对不同中性点接地方式下的配电网单相断线故障进行识别与选线，特别考虑了中性点接地方式对断线故障特征和断线保护可靠性的影响，与仅适用于小电流接地方式的现有方法相比，本方法可适用于各种中性点接地方式，解决了断线保护适用范围小的技术问题，大大提升了保护方式的适用性。

本方法利用启动元件动作前后母线相电流的变化量构建短路闭锁元件动作判据，与现有方法相比，可有效区分系统短路故障与断线故障，从而提高了断线故障识别的准确性和保护的可靠性。

本书提出的计及不同中性点接地方式的配电网单相断线保护新方法所需的电气量仅为各馈线出口处相电流和中性点电压，易于在配电网中实现，从而提高了保护方式的适用性和可行性。

第 3 章　主动配电系统下分布式电源模型构建及其故障特性分析

化石燃料在全球消费快速增加，化石燃料的大量使用势必对环境造成恶劣影响；同时，导致全球范围内能源供应形势紧张，世界急需新型能源替代化石燃料，以实现健康可持续发展。近年来，我国电力工业快速发展，电能质量大幅提高，电网也实现了大容量、远距离、低损耗的超高压交直流输电线路的建设，但是电力供应结构还是以煤炭发电为主，电力生产结构还有较大优化的空间。

我国提出可持续发展方式，以建立资源节约型和环境友好型社会作为可持续发展的重要着力点，基于此我国大力倡导发展新能源产业，目前以太阳能、风能为能量来源的发电技术已日趋成熟，这对缓解全球，尤其是以我国为代表的经济发展迅速、能源需求巨大的国家的用电紧张问题大有裨益。因此，光伏发电、双馈风能发电等分布式电源作为新兴能源在我国得到了大力推广和广泛普及。

分布式电源装置是指功率为数千瓦至 50 MW 小型模块式的、与环境兼容的独立电源。分布式能源系统并不是简单地采用传统的发电技术，而是建立在自动控制系统、先进的材料技术、灵活的制造工艺等新技术的基础上，具有低污染排放、灵活方便、高可靠性和高效率的新型能源生产系统。由于此类分布式电源本身的输电电压低、单个装置的发电容量小，因此一般直接接入配电网络中，但是大量 DG 的并网必然会对原电网的稳定运行和控制产生影响。

目前分布式电源主要指光伏或风电。由于我国分布式发电的装机容量不断增加，所发的电能在当地很难消化，为提高资源利用率，大部分需要上网传输到负荷区，但是分布式电源的电能质量较低，会对继电保护、电路结构、故障恢复等电网运行的安全性构成潜在威胁。因此，本章分别以双馈风电、直驱风电、光伏电源为研究对象，构建相应的数学物理模型，并对其故障特性进行分析，这对后续主动配电系统考虑分布式电源对断线故障电气参量的影响，奠定理论基础和模型基础，具有较大的实际意义。

3.1　分布式电源中双馈风电电源建模

3.1.1　双馈风电电源发电机组结构原理

根据风力发电机的运行特征和控制技术，风力发电分为恒速恒频（Constant Speed Constant Frequency，CSCF）和变速恒频（Variable Speed Constant Frequency，VSCF）两大发电运行方式。随着电力电子技术、计算机控制技术、风电控制技术的进步，大容量风力发电机组广泛采用了更具优势的变速恒频发电技术。变速恒频风力发电系统有多种实现形式，有的采用发电机和电力电子装置相结合来实现，有的通过改造发电机本身结构实现变速恒频来实现，各自具有不同的特点，适用于不同的场合。双馈风力发电机（DFIG）和永磁直驱风力发电机（PMSG）是当前风力发电中的主力机型，本章重点从结构、模型建立等方面介绍这两种风力发电机。

由于发电机的定子接电网、转子接交流励磁变换器以及定子、转子都参与了馈电，故双馈感应发电机称为"双馈"发电机。双馈风电机组与普通异步风电机组的工作原理基本一致，二者的区别在于普通异步风电机组转子电流的频率取决于电机的转速，由转子感应电势的频率决定，而双馈风电机组转子绕组的频率由外加交流励磁电源供电，能够在较大的范围内实现变速运行，风能利用效率高，采用矢量控制技术后可以实现有功功率与无功功率的解耦控制。双馈感应风力发电机系统结构如图 3.1 所示。

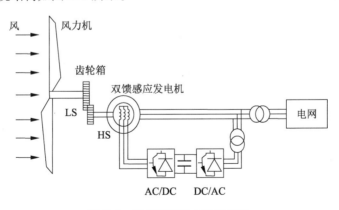

图 3.1　双馈感应风力发电机组

双馈感应风电机组主要包括风力机、齿轮箱、绕线式异步发电机、四象限变流器及其控制系统。其定子绕组直接接入电网，转子采用三相对称绕组，经四象限的交-直-交变流器与电网相连。定子绕组由频率恒定的对称三相电源激励，转子绕组由频率可调的对称三相电源激励，电机的转速由定子和转子之间的转差频率确定。

转子侧变流器的运行相当于在转子回路中串接了一个外部电压矢量。通过控制转子侧变流器，双馈风力发电机能随着风速的变化调整转子的电流频率，使得定子、转子旋转磁场在空间上保持相对静止，从而产生恒定的功率输出。在稳定运行时，定子、转子的旋转磁场在空间上必须相对静止以产生恒定的平均转矩，即

$$\omega_s = \omega_r + \omega_p \tag{3.1}$$

用频率可表示为

$$f_1 = f_r + f_2 \tag{3.2}$$

式中：f_1 为定子电流频率；f_2 为转子励磁电流频率；f_r 为转子机械角速度对应频率。

当转子转速发生变化时，可通过调整转子励磁电流频率 f_2 以使气隙合成磁场相对定子转速不变，即定子电流频率 f_1 不变，这就是变速恒频运行的原理。

根据转子转速的不同，双馈风力发电机可运行于亚同步、超同步及直流励磁状态，从而实现在较宽的范围内进行调节，能在保持输出频率恒定的前提下有效地改善发电机组的运行性能和效率。当双馈风力发电机亚同步运行时，$0<n<n_s$，转子绕组相序与定子同相，变频器向转子绕组输入有功功率；当双馈风力发电机超同步运行时，$n>n_s$，转子绕组相序与定子反相，转子绕组向变频器送入有功功率；当双馈风力发电机同步速运行时，$n=n_s$，变频器向转子提供直流励磁，如图3.2所示。

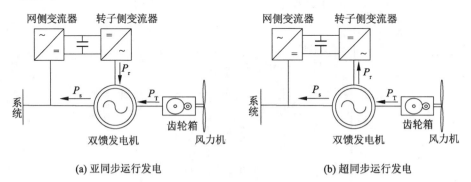

(a) 亚同步运行发电　　　　　　　　　　　(b) 超同步运行发电

图 3.2　不同运行状态下双馈风力发电机功率流向

双馈发电机组模型主要由风力机模型、双馈发电机模型、桨距角控制模型和PWM变频器控制模型四部分组成，其各模型间的相互关系如图3.3所示。

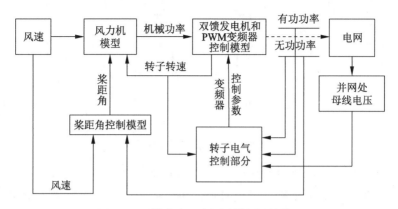

图 3.3　双馈感应风电机组模型结构简图

根据风速变化调整风力机转速，使其保持最佳叶尖速比运行，以获得最大风能；在高风速区域时，可通过风轮叶片的桨距调节以释放部分能量，保证机组的安全稳定运行，并对风电机组输出功率的波动有一定的平滑作用。

3.1.2　双馈风电电源发电机组模型

与一般三相交流电机一样，采用三相相变量表述的双馈异步风电系统是一个高阶、多变量、非线性、强耦合的时变系统，很难据此直接实现运行控制及进行系统分析与设计。双馈风力发电机的控制主要是针对其功率控制来进行的，为了实现其有功功率和无功功率的有效控制，可以把交流调速传动中的矢量变换控制技术移植到双馈风力发电机风电系统的控制之中，即通过坐标变换将转子电流分解为有功分量与无功分量，通过控制这两个转子分量电流来实施对双馈风力发电机的有功功率和无功功率的独立控制，从而实现变速恒频发电运行的控制目的。矢量变换控制是借助坐标变换实现的控制技术，因此双馈风力发电机的运行分析、控制策略研究等应从建立不同坐标系中的双馈风力发电机的数学模型开始。

1. 双馈风力电机组在三相静止坐标系下的数学模型

首先，双馈风力发电机数学模型各物理量的参考方向为：定子绕组采用发电机惯例，转子绕组采用电动机惯例，即定子电流以流出为正，转子侧电流以流入为正。图 3.4 为电机正方向规定的示意图。

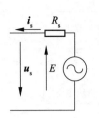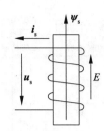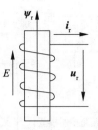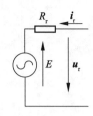

图 3.4　电机正方向规定示意图

为方便分析问题，适当简化模型，有以下假设：① 发电机定子、转子均为三相对称绕组，且气隙均匀，磁路对称分布；② 不考虑涡流、磁滞损耗等铁耗的影响，并忽略磁饱和；③ 不考虑温度对发电机参数的影响。

（1）三相静止坐标系下向量表达式

① 电压方程。电机定子、转子的电压方程均采用自然坐标系，其中定子物理量的矢量以同步速度旋转，而转子物理量的矢量则相对转子以转差速度旋转。根据规定的正方向，可得到定子、转子的电压方程如下：

$$\begin{cases} \boldsymbol{u}_s = -\boldsymbol{R}_s\boldsymbol{i}_s + p\boldsymbol{\psi}_s \\ \boldsymbol{u}_r = \boldsymbol{R}_r\boldsymbol{i}_r + p\boldsymbol{\psi}_r \end{cases} \tag{3.3}$$

$$\begin{cases} \boldsymbol{u}_s = \begin{bmatrix} u_{as} u_{bs} u_{cs} \end{bmatrix}^T \\ \boldsymbol{u}_r = \begin{bmatrix} u_{ar} u_{br} u_{cr} \end{bmatrix}^T \\ \boldsymbol{I}_s = \begin{bmatrix} i_{as} i_{bs} i_{cs} \end{bmatrix}^T \\ \boldsymbol{I}_r = \begin{bmatrix} i_{ar} i_{br} i_{cr} \end{bmatrix}^T \end{cases} \tag{3.4}$$

$$\begin{cases} \boldsymbol{\psi}_s = \begin{bmatrix} \psi_{as} \psi_{bs} \psi_{cs} \end{bmatrix}^T \\ \boldsymbol{\psi}_r = \begin{bmatrix} \psi_{ar} \psi_{br} \psi_{cr} \end{bmatrix}^T \end{cases} \tag{3.5}$$

$$\boldsymbol{R}_s = \begin{bmatrix} R_s & 0 & 0 \\ 0 & R_s & 0 \\ 0 & 0 & R_s \end{bmatrix} \tag{3.6}$$

$$\boldsymbol{R}_r = \begin{bmatrix} R_r & 0 & 0 \\ 0 & R_r & 0 \\ 0 & 0 & R_r \end{bmatrix} \tag{3.7}$$

式中：u_{as}、u_{bs}、u_{cs}、u_{ar}、u_{br}、u_{cr} 为定子、转子相电压瞬时值；i_{as}、i_{bs}、i_{cs}、i_{ar}、i_{br}、i_{cr} 为定子、转子相电流瞬时值；ψ_{as}、ψ_{bs}、ψ_{cs}、ψ_{ar}、ψ_{br}、ψ_{cr} 为定子、转子各相绕组磁链；R_s、R_r 为定子、转子绕组等效电阻；p 为微分算子。式中的转子绕组各相参数均折算至定子侧，下标"d""q""s""r"分别代表 d 轴分量、q

轴分量、定子分量和转子分量。

　　上述为双馈感应发电机在定子、转子三相静止坐标系下的数学模型，也是描述双馈感应发电机的基本方程，图 3.5 为双馈感应发电机的结构示意图。

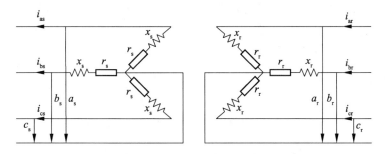

图 3.5　双馈发电机的结构示意图

② 磁链方程。矩阵形式的定子、转子绕组的磁链方程如下：

$$\begin{cases} \boldsymbol{\psi}_s = -\boldsymbol{L}_{11}\boldsymbol{i}_s + \boldsymbol{L}_{12}\boldsymbol{i}_r \\ \boldsymbol{\psi}_r = -\boldsymbol{L}_{21}\boldsymbol{i}_s + \boldsymbol{L}_{22}\boldsymbol{i}_r \end{cases} \tag{3.8}$$

$$\boldsymbol{L}_{11} = \begin{bmatrix} L_{ms} + L_{sl} & -0.5L_{ms} & -0.5L_{ms} \\ -0.5L_{ms} & L_{ms} + L_{sl} & -0.5L_{ms} \\ -0.5L_{ms} & -0.5L_{ms} & L_{ms} + L_{sl} \end{bmatrix} \tag{3.9}$$

$$\boldsymbol{L}_{22} = \begin{bmatrix} L_{mr} + L_{rl} & -0.5L_{mr} & -0.5L_{mr} \\ -0.5L_{mr} & L_{mr} + L_{rl} & -0.5L_{mr} \\ -0.5L_{mr} & -0.5L_{mr} & L_{mr} + L_{rl} \end{bmatrix} \tag{3.10}$$

$$\boldsymbol{L}_{12} = \boldsymbol{L}_{21}^{-1} = L_{ms} \begin{bmatrix} \cos\theta_r & \cos(\theta_r - 120°) & \cos(\theta_r + 120°) \\ \cos(\theta_r + 120°) & \cos\theta_r & \cos(\theta_r - 120°) \\ \cos(\theta_r - 120°) & \cos(\theta_r + 120°) & \cos\theta_r \end{bmatrix} \tag{3.11}$$

式中：L_{ms} 是与定子绕组交链的最大互感磁通对应的定子互感；L_{mr} 是与转子绕组交链的最大互感磁通对应的转子互感；L_{sl} 为定子漏感；L_{rl} 为转子漏感；θ_r 为电角度（转子的位置角）。

　　③ 运动方程。方程式如下：

$$n_p(T_m - T_e) = J\frac{d\omega_r}{dt} + B\omega_r \tag{3.12}$$

式中：T_m 为原动机提供的机械转矩；T_e 为电磁转矩；n_p 为极对数；ω_r 为转子的电角速度；J 为电机的转动惯量；B 为与转速成正比的阻转矩阻尼系数。其中，电磁转矩 T_e 可表达为

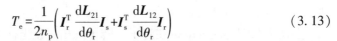

$$T_e = \frac{1}{2n_p}\left(\boldsymbol{I}_r^T \frac{\mathrm{d}\boldsymbol{L}_{21}}{\mathrm{d}\theta_r}\boldsymbol{I}_s + \boldsymbol{I}_s^T \frac{\mathrm{d}\boldsymbol{L}_{12}}{\mathrm{d}\theta_r}\boldsymbol{I}_r\right) \tag{3.13}$$

（2）三相静止坐标系下空间矢量表达式

忽略磁饱和现象，双馈风力发电机转子侧采用发电机惯例，定子侧采用电动机惯例。通过派克转换可得定子三相静止坐标系中双馈感应发电机的空间矢量模型：

$$\boldsymbol{u}_{s,abc} = \boldsymbol{R}_s \boldsymbol{i}_{s,abc} + p\boldsymbol{\psi}_{s,abc} \tag{3.14}$$

$$\boldsymbol{u}_{r,abc} = \boldsymbol{R}_r \boldsymbol{i}_{r,abc} - j\omega_r\boldsymbol{\psi}_{r,abc} + p\boldsymbol{\psi}_{r,abc} \tag{3.15}$$

$$\boldsymbol{\psi}_{s,abc} = \boldsymbol{L}_s \boldsymbol{i}_{s,abc} + \boldsymbol{L}_m \boldsymbol{i}_{r,abc} \tag{3.16}$$

$$\boldsymbol{\psi}_{r,abc} = \boldsymbol{L}_r \boldsymbol{i}_{r,abc} + \boldsymbol{L}_m \boldsymbol{i}_{s,abc} \tag{3.17}$$

式中：$\boldsymbol{u}_{s,abc}$ 和 $\boldsymbol{u}_{r,abc}$ 分别为定子三相静止坐标系下的定子、转子电压矢量；$\boldsymbol{\psi}_{s,abc}$ 和 $\boldsymbol{\psi}_{r,abc}$ 分别为定子三相静止坐标系下的定子、转子磁链矢量；$\boldsymbol{i}_{s,abc}$ 和 $\boldsymbol{i}_{r,abc}$ 分别为定子三相静止坐标系下的定子、转子电流矢量；$L_m = 2L_{ms}/3$ 为激磁电感；$L_s = L_{sl} + 2L_{ms}/3$ 为定子等效电感；$L_r = L_{rl} + 2L_{ms}/3$ 为转子等效电感。

基于以上电磁暂态方程，可以得到图 3.6 所示双馈风力发电机的暂态等值电路，其中 i_m 为激磁电流。

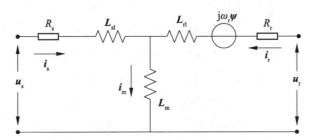

图 3.6　双馈风力发电机的电磁暂态等值电路

2. 双馈风力发电机组在两相同步旋转坐标系下的数学模型

三相静止坐标系下的双馈风力发电机数学模型具有高阶、非线性、时变性、强耦合性的特点，在此基础上对其进行分析、求解非常困难，且不利于得到简单实用的控制策略。因此，为简化双馈风力发电机的运行特性分析，得到简单有效的矢量控制策略，可通过坐标变换简化数学模型，将三相静止坐标系下的双馈风力发电机数学模型转换到两相旋转坐标系下，图 3.7 为双馈感应发电机坐标变换关系示意图。

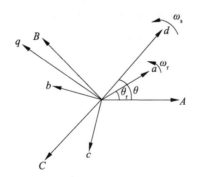

图 3.7　双馈感应发电机坐标变换关系示意图

如果以气隙磁通这一旋转的空间矢量作为参考坐标，利用从静止坐标系到旋转坐标系之间的变换，则可以将三相 ABC 坐标系下的电压、电流和磁链等物理量变换到两相旋转 dq 坐标系下，分别将发电机定子、转子的三相静止绕组等效成相互垂直并同步旋转的两相绕组，此时定子、转子绕组间没有相对运动，磁链系数矩阵变为常系数矩阵。此外，两相坐标轴相互垂直，绕组间没有磁的耦合，因此双馈风力发电机的数学模型可得到很大的简化。

图 3.7 中，A、B、C 表示定子三相静止坐标，a、b、c 表示转子三相旋转坐标（以 ω_r 电角速度旋转）；在两相旋转 d 轴与 q 坐标系中 dq 轴相互垂直，且 d 轴落后 q 轴 90°，θ 为 d 轴与 A 轴的夹角，$\theta=\omega_s t$。

若采取变换前后电机功率不变的原则，三相静止到两相旋转坐标系 ABC-dq 的变换矩阵 $\boldsymbol{T}$ 可表达为

$$\boldsymbol{T}=\sqrt{\frac{2}{3}}\begin{bmatrix}\cos\theta & \cos(\theta-120°) & \cos(\theta+120°)\\ \sin\theta & \sin(\theta-120°) & \sin(\theta+120°)\end{bmatrix} \tag{3.18}$$

若采取幅值不变的原则，当定子侧做坐标变换时，d 轴与 A 轴之间的角度为 θ（图 3.7）；当转子侧做坐标变换时，d 轴与 A 轴之间的角度为 $\theta-\theta_r$，则三相转子坐标系到两相旋转坐标系 abc-dq 的变换矩阵 $\boldsymbol{T}_r$ 可表示为

$$\boldsymbol{T}_r=\frac{2}{3}\begin{bmatrix}\cos(\theta-\theta_r) & \cos(\theta-\theta_r-120°) & \cos(\theta-\theta_r+120°)\\ \sin(\theta-\theta_r) & \sin(\theta-\theta_r-120°) & \sin(\theta-\theta_r+120°)\end{bmatrix} \tag{3.19}$$

将定子 ABC 坐标系和转子 abc 坐标系的电压、电流、磁链、转矩等物理量变换到两相 dq 坐标系下，可得到双馈风力发电机在两相同步旋转 dq 坐标系下的数学模型。

利用 $\boldsymbol{T}$ 和 $\boldsymbol{T}_r$ 可将双馈风力发电机三相静止数学模型变换为两相同步坐标系下的双馈风力发电机数学模型表示方程。

定子电压方程：

$$\begin{cases} u_{sd} = -R_s i_{sd} + p\psi_{sd} - \omega_s \psi_{sq} \\ u_{sq} = -R_s i_{sq} + p\psi_{sq} + \omega_s \psi_{sd} \end{cases} \tag{3.20}$$

转子电压方程:

$$\begin{cases} u_{rd} = R_r i_{rd} + p\psi_{rd} - \omega_p \psi_{rq} \\ u_{rq} = R_r i_{rq} + p\psi_{rq} + \omega_p \psi_{rd} \end{cases} \tag{3.21}$$

定子磁链方程:

$$\begin{cases} \psi_{sd} = -L_s i_{sd} + L_m i_{rd} \\ \psi_{sq} = -L_s i_{sq} + L_m i_{rq} \end{cases} \tag{3.22}$$

转子磁链方程:

$$\begin{cases} \psi_{rd} = -L_m i_{sd} + L_r i_{rd} \\ \psi_{rq} = -L_m i_{sq} + L_r i_{rq} \end{cases} \tag{3.23}$$

电磁转矩方程:

$$T_e = p_n L_m (i_{sd} i_{rq} - i_{sq} i_{rd}) \tag{3.24}$$

式中: $\omega_p = \omega_s - \omega_r$ 为转差。所有转子参数都归算至定子侧, 下标 "d" "q" "s" "r" 分别代表 d 轴分量、q 轴分量、定子分量和转子分量。

写成矢量表达式为

$$\begin{cases} \boldsymbol{u}_s = \boldsymbol{R}_s \boldsymbol{i}_s + j\boldsymbol{\omega}_s \boldsymbol{\psi}_s + d\boldsymbol{\psi}_s / dt \\ \boldsymbol{u}_r = \boldsymbol{R}_r \boldsymbol{i}_r + j\boldsymbol{\omega}_p \boldsymbol{\psi}_r + d\boldsymbol{\psi}_r / dt \\ \boldsymbol{\psi}_s = \boldsymbol{L}_s \boldsymbol{i}_s + \boldsymbol{L}_m \boldsymbol{i}_r \\ \boldsymbol{\psi}_r = \boldsymbol{L}_m \boldsymbol{i}_s + \boldsymbol{L}_r \boldsymbol{i}_r \end{cases} \tag{3.25}$$

式中: $\boldsymbol{u}$、$\boldsymbol{i}$、$\boldsymbol{\psi}$ 分别为电压、电流和磁链矢量。

由基本方程式可得双馈风力发电机的等值电路如图 3.8 所示。

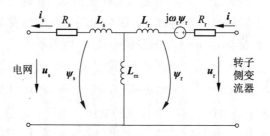

图 3.8 双馈风力发电机的等效电路

3. 双馈发电机变流器数学模型

双馈发电机的转子能量是在电网和电机之间双向流动的, 因此接于转子回路、用于作交流励磁的电源必须保证能量能够双向流动。双馈风电机多采用双

PWM 型变流器来对其进行控制。

PWM 变流器是用全控型功率器件取代半控型开关器件或者二极管,以 PWM 斩控整流取代相控整流或者不控整流的变流电路。能量可双向流动的 PWM 变流器,不仅体现出 AC/DC 变流特性(整流),还可呈现出 DC/AC 变流特性(有源逆变),因而这类 PWM 变流器实际上是一种可逆变流器。

双 PWM 型变流器由网侧和转子侧两个 PWM 变流器组成,两者通过中间的直流侧电容相连。虽然两侧的变换器结构相同,但是它们的控制思路却不同:在控制时是相互独立的,各自完成自身的任务。其中网侧变流器的主要功能是保持直流环节电压稳定和正常运行情况下的交流侧单位功率因数控制,从而确保转子侧变流器可靠工作。转子侧变流器的主要功能是通过对转子电流、电压的控制,实现双馈风力发电机能输出解耦的有功功率和无功功率的功能。两个 PWM 变流器通过相对独立的控制系统完成各自的功能。

图 3.9 为双 PWM 型变流器主电路结构,图中 E_g 为电网三相电压;U_g 为发电机转子三相电压;R_f 和 L_f 分别为网侧变流器与系统连线电阻和电感;R_g 和 L_g 分别为转子侧变流器与转子内电势间的等值电阻和电感。

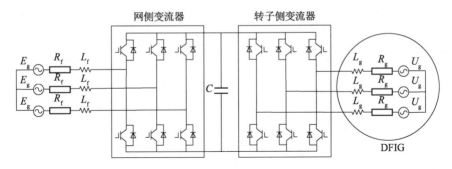

图 3.9　双 PWM 型变流器主电路结构

据图 3.4 所示电压、电流正方向,三相静止 ABC 坐标系下的四象限变流器状态方程如下:

$$\begin{cases} L_f \dfrac{\mathrm{d}i_{sa}}{\mathrm{d}t} + R_f i_{sa} = E_{ga} - E_{\text{in.}a} \\[2mm] L_f \dfrac{\mathrm{d}i_{sb}}{\mathrm{d}t} + R_f i_{sb} = E_{gb} - E_{\text{in.}b} \\[2mm] L_f \dfrac{\mathrm{d}i_{sc}}{\mathrm{d}t} + R_f i_{sc} = E_{gc} - E_{\text{in.}c} \end{cases} \qquad (3.26)$$

$$\begin{cases} L_g \dfrac{\mathrm{d}i_{ra}}{\mathrm{d}t} + R_g i_{ra} = U_{ga} - U_{ra} \\[2mm] L_g \dfrac{\mathrm{d}i_{rb}}{\mathrm{d}t} + R_g i_{rb} = U_{gb} - U_{rb} \\[2mm] L_g \dfrac{\mathrm{d}i_{rc}}{\mathrm{d}t} + R_g i_{rc} = U_{gc} - U_{rc} \end{cases} \tag{3.27}$$

$$\frac{3}{2}\left(u_d i_d + u_q i_q\right) = u_{dc} i_{dc} \tag{3.28}$$

式中：$E_{\mathrm{in}.x}$、U_{rx} 分别为网侧、转子侧变流器的相电压（$x=a$，b，c）。

不考虑开关动态过程，则 $E_{\mathrm{in}.x}$、U_{rx} 的基波分量和参考波之间有如下关系：

$$\begin{cases} E_{\mathrm{in}.x} = m_1 \times \sin(\omega_1 t + \delta_x) \times U_{dc}/2 \\[1mm] U_{rx} = m_2 \times \sin(\omega_2 t + \varphi_x) \times U_{dc}/2 \end{cases} \tag{3.29}$$

式中：m_1、m_2 分别为网侧和转子侧变流器的调制比；ω_1、ω_s 分别为网侧和转子回路交流系统基波频率；δ_x、φ_x 分别为两变流器电压相对各自交流系统电压的参考相位。

对上述状态方程进行 Park 变换，得到同步旋转 dq 坐标系下的四象限变流器方程：

$$L_1 \frac{\mathrm{d}}{\mathrm{d}t}\begin{bmatrix} i_{sd} \\ i_{sq} \end{bmatrix} + \begin{bmatrix} R_f & -\omega_1 L_f \\ \omega_1 L_f & R_f \end{bmatrix}\begin{bmatrix} i_{sd} \\ i_{sq} \end{bmatrix} = \begin{bmatrix} E_{gd} \\ E_{gq} \end{bmatrix} - \begin{bmatrix} E_{\mathrm{in}.d} \\ E_{\mathrm{in}.q} \end{bmatrix} \tag{3.30}$$

$$L_2 \frac{\mathrm{d}}{\mathrm{d}t}\begin{bmatrix} i_{rd} \\ i_{rq} \end{bmatrix} + \begin{bmatrix} R_g & -\omega_s L_g \\ \omega_s L_g & R_g \end{bmatrix}\begin{bmatrix} i_{rd} \\ i_{rq} \end{bmatrix} = \begin{bmatrix} U_{gd} \\ U_{gq} \end{bmatrix} - \begin{bmatrix} U_{rd} \\ U_{rq} \end{bmatrix} \tag{3.31}$$

$$\frac{3}{2}\left(u_d i_d + u_q i_q\right) = u_{dc} i_{dc} \tag{3.32}$$

由上述分析可知，DFIG 四象限变流器的动态特性可由网侧、转子侧和直流侧电容电压方程予以描述，总共为 5 阶模型。

3.1.3　分布式电源中双馈风电电源模型及故障测试

1. 双馈风电机组模型测试

根据以上双馈风电机组的数学模型，在 PSCAD 仿真平台上建立相应的机组仿真模型，图 3.10 所示为双馈风电机组变流器结构，图 3.11 所示为双馈风电机组并网发电模型，图 3.12 和图 3.13 所示分别为双馈风电机组网侧变流器和转子侧变流器控制模型框图。

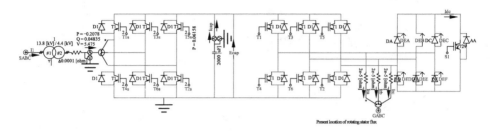

图 3.10　双馈风电机组变流器结构

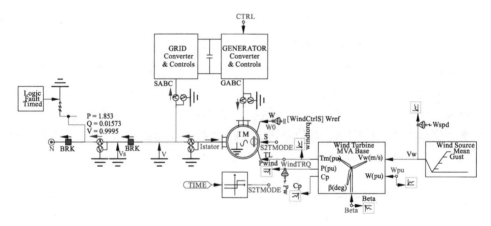

图 3.11　双馈风电机组并网发电模型

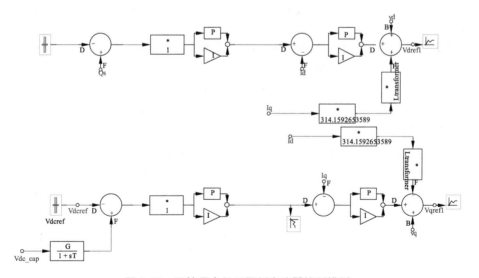

图 3.12　双馈风电机组网侧变流器控制模型

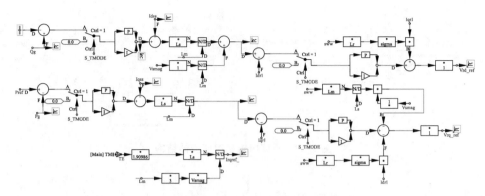

图 3.13 双馈风电机组转子侧变流器控制模型

利用 PSCAD 仿真软件建立完整的双馈风力发电机系统的仿真模型，模型具体参数如表 3.1 所示。双馈风力发电机组通过 35 kV 集电线接入 35 kV 母线，之后经过 220 kV 升压变压器通过联络线接入 220 kV 变电站，安装主变压器 1 台，系统等值基准值 100 MVA，等值电压 230 kV（线电压峰值），220 kV 变电站正序等值阻抗 0.000933+j0.014460，零序等值阻抗 0.003514+j0.019061。

表 3.1 风力发电机组仿真参数

参数	取值	参数	取值	参数	取值
额定容量	1.5 MVA	额定风速	15 m/s	定子电阻	0.023 p.u.
定子额定电压	690 V	频率	50 Hz	定子电抗	0.18 p.u.
直流母线电压	1150 V	额定电流	1506.1 A	转子电阻	0.016 p.u.
				转子电抗	0.16 p.u.
直流电容	10 mF	转子惯性时间常数	0.685 s	励磁电抗	2.9 p.u.

设定输入风速为 15 m/s，无功功率给定值为 0。双馈风电机组并网稳定运行后，双馈风电机组各电气量的波形如图 3.14~图 3.17 所示。

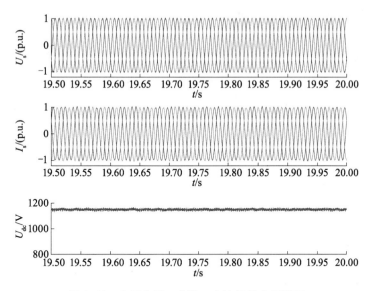

图 3.14　定子电压、电流、直流母线电压波形

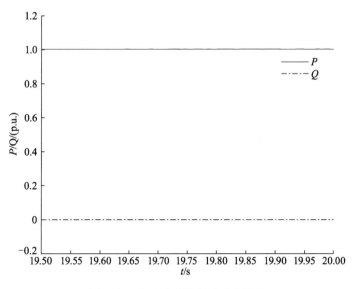

图 3.15　有功功率及无功功率波形

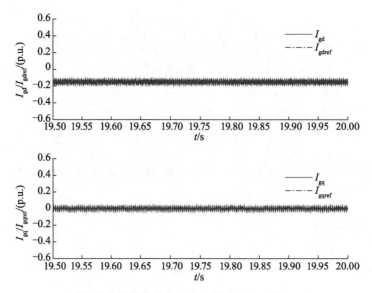

图 3.16　网侧变流器电流 *dq* 轴分量及其参考值波形

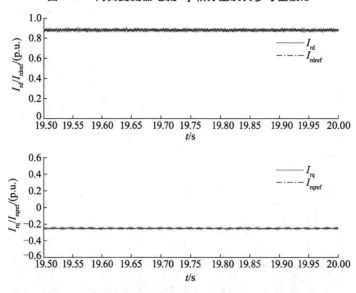

图 3.17　转子侧变流器电流 *dq* 轴分量及其参考值波形

　　由图 3.14 和图 3.15 可以看出，定子电压和电流是非常理想的正弦波，幅值均稳定在 1 p.u.，直流母线电压稳定在 1150 V，有功功率稳定在 1 p.u.，无功功率稳定在 0，证明模型运行在单位功率因数，无功功率符合设定值。

　　由图 3.16 和图 3.17 可以看出，网侧变流器电流 *d* 轴分量稳定在 −0.18 p.u.，*q* 轴分量稳定在 0；转子侧变流器电流 *d* 轴分量稳定在 0.87 p.u.，*q* 轴分量稳定

在 -0.24 p.u.，均能够很好地跟踪参考值。

2. 双馈风电电源故障测试

$t = 1$ s 时双馈风电机组的机端发生三相短路故障，三相电压跌落至 70%，故障持续 0.5 s。图 3.18、图 3.19 分别是故障发生后不投入过电压保护电路（Crowbar 电路）和投入 Crowbar 电路时双馈风电机组机端电压、定子电流、转子电流和直流母线电压波形。

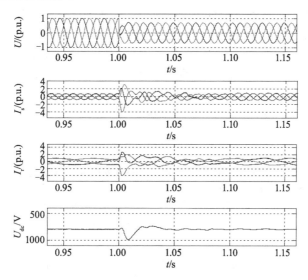

图 3.18　三相跌落至 70%时不投入 Crowbar 短路电流波形

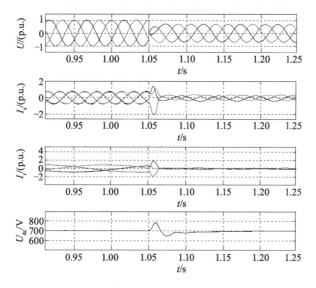

图 3.19　三相电压跌落至 70%时投入 Crowbar 短路电流波形

　　故障后投入 Crowbar 电路的双馈风电机组故障特性与传统鼠笼式感应风电机组故障特征相似，即在故障瞬间短路电流很大，故障后数周期内迅速衰减。由于 Crowbar 保护的作用，定子电流、转子电流和直流母线电压都被限制在一个安全范围内，可以有效保护双馈风电机组。

　　双馈风电机组机端在 $t=1$ s 发生三相电压跌落，电压跌落至 50%，故障持续 0.5 s，图 3.20、图 3.21 分别是故障发生时不投入 Crowbar 电路和投入 Crowbar 电路时双馈风电机组机端电压、定子电流、转子电流和直流母线电压波形。

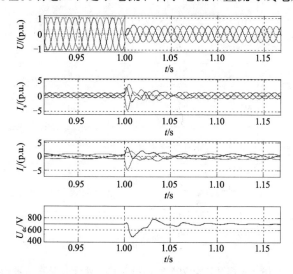

图 3.20　三相电压跌落至 50%时电压时不投入 Crowbar 短路电流波形

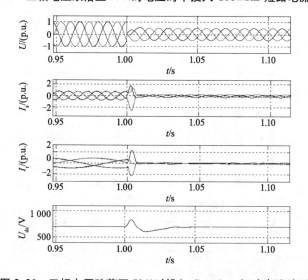

图 3.21　三相电压跌落至 50%时投入 Crowbar 短路电流波形

　　双馈风电机组机端在 $t=1$ s 发生三相电压跌落，电压跌落至 30%，故障持续 0.5 s，图 3.22、图 3.23 分别是故障发生时不投入 Crowbar 电路和投入 Crowbar 电路时双馈风电机组机端电压、定子电流、转子电流和直流母线电压波形。

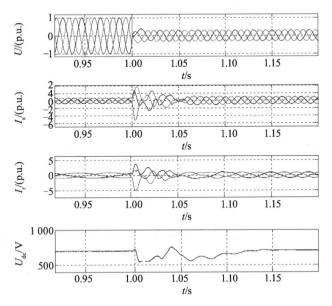

图 3.22　三相电压跌落至 30%时不投入 Crowbar 短路电流波形

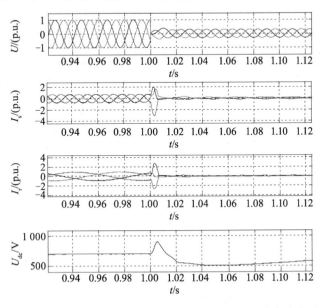

图 3.23　三相电压跌落至 30%时投入 Crowbar 短路电流波形

表 3.2 为不同电压跌落情况下，机端发生三相短路时，在 Crowbar 保护电路的作用下定子电流的变化情况。

通过上述仿真结果分析可知，Crowbar 保护动作情况下的双馈风电机组短路电流变化情况与常规异步机基本一致，但其电流更小、衰减时间更短；Crowbar 保护动作情况下的双馈风电机组短路电流与 Crowbar 未动作时的差别较大，其短路电流小于 Crowbar 未动作时的情况，暂态短路电流的衰减时间远快于 Crowbar 未动作时的情况。

随着电压跌落深度的加重，定子、转子过流和直流母线过压会越来越严重。Crowbar 电路的投入可以有效保护双馈风电机组的过流和过压情况。

表 3.2 不同电压跌落情况下三相短路时定子电流变化情况

特征量	投入 Crowbar 情况	电压跌落至 70%	电压跌落至 50%	电压跌落至 30%
定子输出电流峰值	不投入 Crowbar	4.0 p.u.	4.7 p.u.	2.2 p.u.
	投入 Crowbar	2.1 p.u.	2.6 p.u.	3.0 p.u.
定子输出电流稳态值	不投入 Crowbar	0.85 p.u.	0.85 p.u.	0.85 p.u.
	投入 Crowbar	0.4 p.u.	0.29 p.u.	0.18 p.u.
定子输出电流衰减时间	不投入 Crowbar	45 ms	45 ms	45 ms
	投入 Crowbar	6 ms	6 ms	6 ms

双馈风电机组机端在 $t=1$ s 发生 B-C 两相相间短路，故障持续 0.5 s，故障发生时立即投入 Crowbar 电路。仿真结果如图 3.24 所示，故障相短路电流在故障瞬间增大，之后逐渐衰减并维持在一个稳定值，非故障相也维持一定的故障电流。

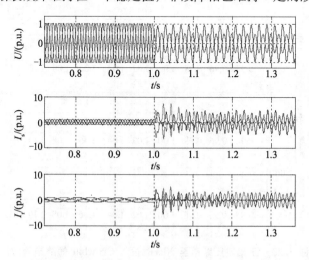

图 3.24 两相相间短路故障时的短路电流波形

双馈风电机组机端在 $t=1$ s 发生 A 相接地短路，故障持续 0.5 s，故障发生时立即投入 Crowbar 电路，如图 3.25、图 3.26 和表 3.3 所示。

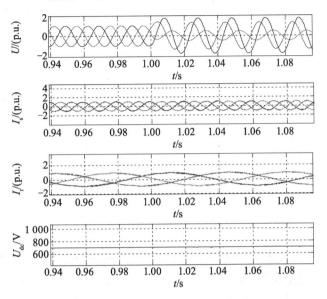

图 3.25　A 相单相接地故障时不投入 Crowbar 短路电流波形

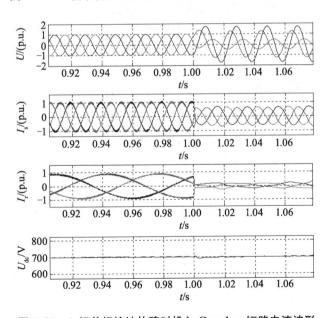

图 3.26　A 相单相接地故障时投入 Crowbar 短路电流波形

表 3.3　单相接地短路定子电流变化情况

投入 Crowbar 情况	定子电流峰值	定子电流稳态值	衰减时间
不投入 Crowbar	1.0 p. u.	1.0 p. u.	0
投入 Crowbar	0.6 p. u.	0.6 p. u.	2 ms

通过上述仿真结果分析可知，不对称短路下，不投入 Crowbar 时短路电流大于投入 Crowbar 动作后的情况；变流器对转子二倍频电流的控制使得定子侧短路电流负序分量受到抑制，三相短路电流的差别很小。

3.2　分布式电源中直驱风电电源建模

3.2.1　直驱风电电源发电机组结构

永磁直驱风力发电机系统主要包括桨距控制式风力机、永磁同步发电机（PMSG）、背靠背全功率变流器及控制系统等部分，其基本结构如图 3.27 所示。其中，背靠背全功率变流器可以分为定子侧变换器、直流环节（DC-link）和网侧变换器。桨距控制式风力机和永磁同步发电机直接耦合，发电机的输出经发电机侧变流器整流后由电容支撑，再经电网侧变流器将能量馈送给电网。

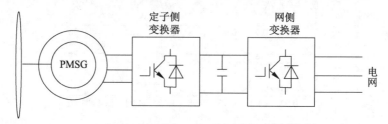

图 3.27　永磁直驱风力发电机组结构图

永磁直驱发电机由永磁铁励磁，转子上没有励磁绕组，因此不存在励磁转子上没有励磁绕组，其效率高于同容量的电励磁式发电机；转子上没有滑环，运转时安全可靠。风力机和永磁发电机通过轴系直接耦合，省去了增速齿轮箱，大大提高了系统的可靠性，减少了系统的运行噪声，降低了发电机的维护工作量。永磁同步发电机经背靠背式全功率变换器系统与电网相连，通过变换器控制系统的作用实现风电机组的变速运行。

在直驱永磁同步风力发电系统中，由于永磁同步发电机通过轴系由风力机直接驱动，而风力机属于低速旋转的机械，因此必须采用低速永磁同步发电机。低速永磁发电机的极对数大大多于普通交流同步发电机，通常在 30 对以上，因此电机的转子外圆及定子内径的尺寸大大增加，而轴向长度相对较短，呈圆环状，外形类似于一个扁平的大圆盘。采用永磁体励磁的方式大大简化了电机的结构，减小了发电机的体积和质量，制造方便。

3.2.2　直驱风电电源发电机组模型

1. 风力机模型

风力机的风功率转换模型表示为

$$T_{\mathrm{m}} = \frac{1}{2}\rho\pi R^3 \frac{C_{\mathrm{p}}(\lambda,\beta)}{\lambda} \nu_{\mathrm{w}}^2 \tag{3.33}$$

式中：T_{m} 为风力机的机械转矩；ρ 为空气密度；R 为风轮叶片半径；ν_{w} 为风速；λ 为风力机的叶尖速比；C_{p} 为风能利用系数，其表达式为

$$C_{\mathrm{p}}(\lambda,\beta) = 0.22\left(\frac{116}{\lambda_i} - 0.4\beta - 5\right)\mathrm{e}^{\frac{-12.5}{\lambda_i}} \tag{3.34}$$

$$\lambda_i = \cfrac{1}{\cfrac{1}{\lambda + 0.08\beta} - \cfrac{0.035}{\beta^3 + 1}} \tag{3.35}$$

2. 永磁直驱发电机数学模型

对于永磁直驱发电机，除了励磁绕组以永磁体代替，其他基本和同步电机一样。因此，只要用永磁转子的等效磁导率计算出电机的各种电感，并假定其励磁电流为常数，就可以采用同步电机的分析方法进行分析。取永磁同步发电机在 dq 同步旋转坐标下的定子电压方程为

$$u_{sd} = R_{\mathrm{s}}i_{sd} + \frac{\mathrm{d}\psi_{sd}}{\mathrm{d}t} - \omega_{\mathrm{s}}\psi_{sq} \tag{3.36}$$

$$u_{sq} = R_{\mathrm{s}}i_{sq} + \frac{\mathrm{d}\psi_{sq}}{\mathrm{d}t} + \omega_{\mathrm{s}}\psi_{sd} \tag{3.37}$$

式中：u_{sd}、i_{sd}、u_{sq}、i_{sq} 分别为发电机 d 轴和 q 轴的电压、电流分量；R_{s} 为定子电阻；ω_{s} 为发电机的电角频率；ψ_{sd} 和 ψ_{sq} 分别为定子 d 轴、q 轴的磁链。

目前永磁同步电机常采用基于转子磁场定向的矢量控制技术，假设 dq 坐标系以同步角速度旋转，且 q 轴超前于 d 轴 90°，将 d 轴定位于转子永磁体的磁链方向上，则定子 d 轴和 q 轴的磁链方程为

$$\psi_{sd} = L_{\mathrm{d}}i_{sd} + \psi_0 \tag{3.38}$$

$$\psi_{sq} = L_{\mathrm{q}}i_{sq} \tag{3.39}$$

式中：L_d 和 L_q 分别为发电机定子 d 轴和 q 轴电感；ψ_0 为永磁体磁链。

定义 q 轴反电势 $e_q=\omega_s\psi_0$，d 轴反电势 $e_d=0$，并假定 $L_d=L_q=L$，永磁同步发电机在 dq 同步旋转坐标系下的等值电路如图 3.28 所示。

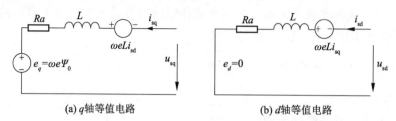

(a) q轴等值电路　　　　　　　　　(b) d轴等值电路

图 3.28　永磁同步发电机在 dq 同步旋转坐标系下的等值电路

永磁同步发电机的电磁转矩 T_e 为

$$T_e=1.5n_p\left(\psi_d i_q-\psi_q i_d\right)=1.5n_p\left[\left(L_d-L_q\right)i_{sd}i_{sq}+i_{sq}\psi_0\right] \tag{3.40}$$

式中：n_p 为发电机的极对数。当 $L_d=L_q=L$ 时，$T_e=1.5n_p i_{sq}\psi_0$。

由式（3.40）可以看出，通过控制定子 q 轴电流可以控制发电机的电磁转矩，从而进一步控制发电机转速。

3. 永磁直驱发电机变流器模型

（1）机侧变流器

"整流"与"升压斩波"环节一起构成变频器的机侧控制，"整流"部分是由二极管构成的三相不可控整流桥。机侧变流器的主要任务是控制发电机的转子转速以实现最大风功率跟踪。永磁同步发电机输出电压有效值近似正比于发电机转速，因而经不可控整流后，直流电压值和转速也近似成正比，为防止低风速下逆变不能完成，在直流侧加入一个 Boost 升压电路。另外，Boost 电路还可以调节整流器输入端（即发电机输出端）的电流波形，以改善其谐波失真和功率因数。Boost 电路和桨距角控制环节控制发电机转速在低风速下捕获最大风能，跟踪 $\omega=f\left(P_g\right)$ 函数曲线，高风速时保证发电机运行在额定转速。对转速偏差进行比例积分调节即可得到 Boost 电路的驱动信号。Boost 升压斩波电路控制原理如图 3.29 所示。

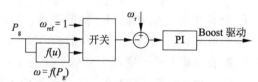

图 3.29　Boost 电路控制器

对于直流环节，根据能量守恒定理有

$$\frac{du_{dc}}{dt}=-\frac{1}{Cu_{dc}}\left[\left(u_{gd}i_{gd}+u_{gq}i_{gq}\right)+\left(u_{sd}i_{sd}+u_{sq}i_{sq}\right)-\left(P_{sloss}+P_{gloss}\right)\right] \tag{3.41}$$

式中：u_{dc} 为直流环节电压；i_{gd}、i_{gp}、u_{gd}、u_{gp} 分别为电网电流和电压的 dq 轴分量；P_{sloss} 和 P_{gloss} 分别为发电机侧变流器和网侧变流器的有功损耗，变流器等值电路如图 3.30 所示。

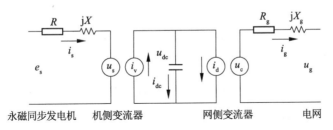

图 3.30　变流器等值电路

稳态运行时，假设变流器的损耗为零，直流电压为其初始值 $u_{dc}(0)$。当系统发生扰动时，直流电容 C 中将有电流 $i_{dc}=i_v-i_d$ 流动。在这种情况下，任意时刻 t 的直流电压 u_{dc} 可用下式计算：

$$u_{dc} = \sqrt{u_{dc}^2(0) + \frac{2}{C}\int_0^t [P_g(\tau) - P_s(\tau)]\,d\tau} \tag{3.42}$$

忽略网侧变流器的开关损耗及串联电阻的损耗，则变流器可以看作理想变流器，得到直流电压 u_{dc} 与电网电流有功分量 i_{gd} 之间的有效传递函数：

$$\frac{u_{dc}(s)}{i_{gd}(s)} = \frac{3P_{md}}{2\sqrt{2C_s}} \tag{3.43}$$

式中：P_{md} 为调制比 P_m 在 d 轴上的投影。

（2）电网侧变流器

"逆变"部分由 IGBT 构成的可控逆变桥组成，由于采用不可控整流，所以恒频恒压输出的任务完全由逆变器完成，还必须通过逆变器控制来维持直流环节电压的稳定，实现网侧功率因数调整，因而逆变器的控制策略是研究的重点。目前对于网侧变流器常采用基于电网电压定向的矢量控制技术，在 dq 同步旋转坐标系下，将电网电压综合矢量定向在 d 轴上，电网电压在 q 轴上的投影为 0。因此，正常情况下网侧变流器与电网交换的有功功率和无功功率为

$$P_g = u_{gd}i_{gd} + u_{gq}i_{gq} = u_{gd}i_{gd} \tag{3.44}$$

$$Q_g = u_{gq}i_{gd} - u_{gd}i_{gq} = -u_{gd}i_{gq} \tag{3.45}$$

调节电流矢量在 dq 轴上的投影就可以独立控制变流器的有功功率和无功功率，即实现功率因数调整。有功功率的参考值由最大风功率跟踪特性确定；无功功率的参考值根据风电机组的无功电压控制要求及静态潮流计算得到。

网侧变流器在 dq 坐标系下的数学模型为

$$u_{gd} = -R_g i_{gd} - L_g \frac{\mathrm{d} i_{gd}}{\mathrm{d} t} + \omega_s L_g i_{gq} + e_{gd} \qquad (3.46)$$

$$u_{gp} = -R_g i_{gq} - L_g \frac{\mathrm{d} i_{gq}}{\mathrm{d} t} - \omega_s L_d i_{gd} \qquad (3.47)$$

式中：R_g、L_g 分别为网侧变流器进线电抗器的电阻和电感；ω_s 为电网同步电角速度；e_{gd} 为电网电压在 d 轴上的投影。

3.2.3　分布式电源中直驱风电电源模型及故障测试

1. 永磁直驱风电机组模型测试

根据上述永磁直驱风力发电机组的数学模型，在 PSCAD 仿真平台上建立相应的风电机组仿真模型，图 3.31 所示为永磁直驱风电机组并网发电模型；图 3.32 所示为永磁直驱风电机组变流器结构，图 3.33 所示为永磁直驱风电机组机侧变流器控制模型，图 3.34 所示为永磁直驱风电机组网侧变流器控制模型。

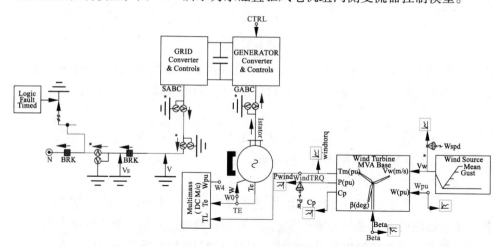

图 3.31　永磁直驱风电机组并网发电模型

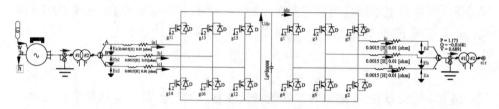

图 3.32　永磁直驱风电机组变流器结构

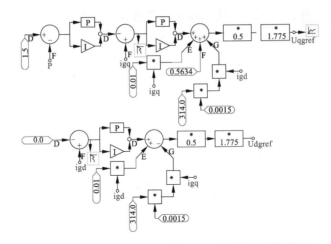

图 3.33 永磁直驱风电机组机侧变流器控制模型

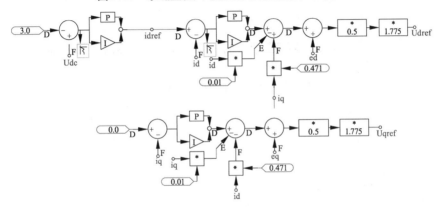

图 3.34 永磁直驱风电机组网侧变流器控制模型

利用 PSCAD 仿真软件建立直驱风力发电机组并网系统的仿真模型，模型具体参数如表 3.4 所示。直驱风力发电机组通过 35 kV 集电线接入 35 kV 母线，之后经过 220 kV 升压变压器通过联络线接入 220 kV 变电站，安装主变压器 1 台，系统等值基准值 100 MVA，等值电压 230 kV（线电压峰值），220 kV 变电站正序等值阻抗 0.000933+j0.014460，零序等值阻抗 0.003514+j0.019061。

表 3.4 直驱风力发电机组仿真参数

参数	取值	参数	取值	参数	取值
额定容量	1.5 MVA	额定风速	15 m/s	定子电阻	0.027 p.u.
定子额定电压	690 V	频率	50 Hz	定子电抗	0.563 p.u.
直流母线电压	1150 V	额定电流	1506.1 A	转子磁链	1.776 V·s
直流电容	10 mF	转子转动惯量	35000 kg·m²		

设定输入风速为 15 m/s，无功功率给定值为 0。直驱风电机组并网稳定运行后，直驱风电机组各电气量波形如图 3.35~图 3.38 所示。

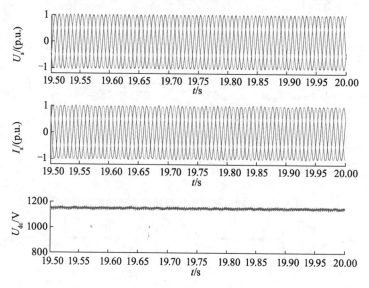

图 3.35　定子电压、电流、直流母线电压波形

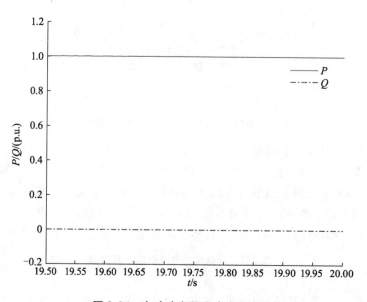

图 3.36　有功功率及无功功率波形

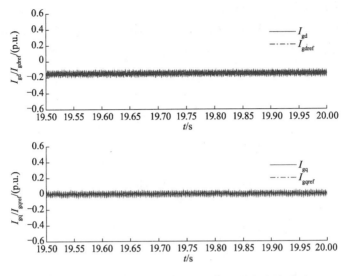

图 3.37　网侧变流器电流 *dq* 轴分量及其参考值波形

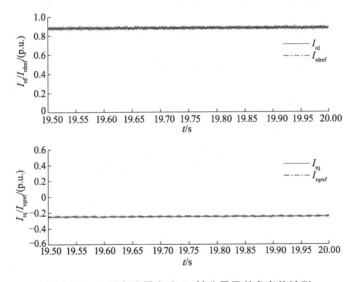

图 3.38　机侧变流器电流 *dq* 轴分量及其参考值波形

　　由图 3.35 和图 3.36 可以看出，定子电压和电流是非常理想的正弦波，幅值均稳定在 1 p.u.，直流母线电压稳定在 1150 V，有功功率稳定在 1.0 p.u.，无功功率稳定在 0，证明模型运行在单位功率因数，无功功率符合设定值。由图 3.37 和图 3.38 可以看出，网侧变流器电流 *d* 轴分量稳定在 -1.0 p.u.，*q* 轴分量稳定在 0；机侧变流器电流 *d* 轴分量稳定在 0.86 p.u.，*q* 轴分量稳定在 -0.24 p.u.，均能够很好跟踪参考值。

2. 永磁直驱风电机组故障测试

直驱风电机组机端 $t=1$ s 时发生三相短路故障，三相电压跌落至 70%，故障持续 0.5 s。图 3.39 是故障发生后直驱风电机组机出口短路电压和短路电流波形，故障后短路电流由 0.48 p. u. 增大至 0.75 p. u. 。

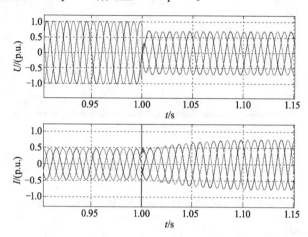

图 3.39　三相跌落至 70%时出口短路电压和电流波形

直驱风电机组机端在 $t=1$ s 时发生三相短路故障，三相电压跌落至 50%，故障持续 0.5 s。图 3.40 是故障发生后直驱风电机组机出口短路电压和短路电流波形，短路电流由 0.48 p. u. 增大至 1.1 p. u. 。

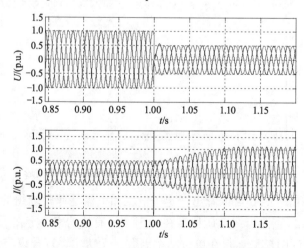

图 3.40　三相跌落至 50%时出口短路电压和电流波形

直驱风电机组机端在 $t=1$ s 时发生三相短路故障，三相电压跌落至 30%，故障持续 0.5 s。图 3.41 是故障发生后直驱风电机组机出口短路电压和短路电流波形，短路电流由 0.48 p.u. 增大至 1.15 p.u.。不同电压跌落下直驱网电机输出短路电流情况见表 3.5。

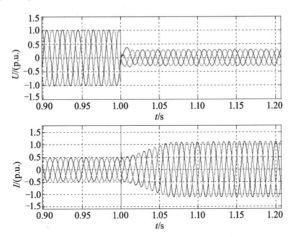

图 3.41　三相跌落至 30%时出口短路电压和电流波形

表 3.5　不同电压跌落情况下直驱风电机组输出短路电流变化情况

三相电压跌落至	70%	50%	30%
短路电流稳态值	0.75 p.u.	1.1 p.u.	1.15 p.u.
过渡时间	50 ms	80 ms	60 ms

机端 BC 两相发生相间短路后，出口短路电压和电流波形如图 3.42 所示，风电机组出口三相短路电流都会增大，B 相增大至 1.1 p.u.，C 相增大至 1.15 p.u.，A 相增大至 0.6 p.u.。

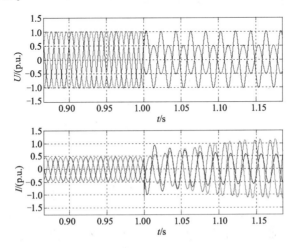

图 3.42　机端 bc 两相短路故障出口短路电压和电流波形

故障相短路电流在故障瞬间增大，之后逐渐衰减并维持在一个稳定值，非故障相也维持一定的故障电流。

直驱风电机组机端在 $t=1$ s 时发生 a 相接地短路故障，故障持续 0.5 s。图 3.43 是故障发生后直驱风电机组机出口短路电压和电流波形，故障相短路电流由 0.48 p.u. 增大至 0.96 p.u.。

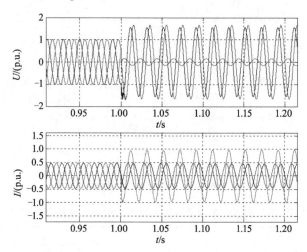

图 3.43　机端单相接地短路出口短路电压和电流波形

故障相短路电流在故障瞬间增大，之后逐渐衰减并维持在一个稳定值，非故障相也维持一定的故障电流。

3.3　分布式电源中光伏电源建模

3.3.1　分布式电源中光伏电源模型

所谓光伏电源就是电力系统中利用半导体材料的光伏效应将太阳光的辐射能转化为电能的一种能源转化部件，一般也称为光伏电池。

光伏电源分为分布式和集中式两种。其中，分布式光伏电源适用于我国大部分地区，应用更加广泛，一般就近安装在用户所在地或当地配电网络，用 10 kV 及以下的方式接入配电网络中，并且要保证单个并网点内装机总容量不超过要求的 6 MW。分布式光伏电源具有就近优势，在电源安设当地就可以进行就近发电、并网和消纳，在当地对用户进行直接供电，减少了长距离传输过程中的电能损耗，也实现了对环境的零污染，是一种符合现代电力需求的拥有广阔发展前景的新型供电电源。

　　光伏电池的主要组成材料是半导体，其中硅材料的应用最为广泛。它的原理及运行过程：第一，光伏电池吸收太阳光之后，太阳能使得电池材料内部产生自由电子和空穴，其中自由电子带负电，空穴带正电；第二，电池内部产生的由负电荷和正电荷组成的"自由电子-空穴"对被半导体 P-N 结两端施加的静电场分离；第三，分离后的空穴即正电荷集中在光伏电池的正极，而自由电子即负电荷主要集中在电池的负极，从而在整个电池的两端形成内部场强和电动势。经过上述步骤后，光伏电池即可对外输出电能，如图 3.44 所示。

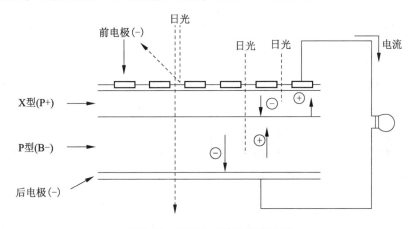

图 3.44　半导体光伏效应原理图

　　在研究光伏发电系统时，为了更好地分析光伏阵列的输出性能、将光伏电池与控制系统相匹配，以满足最佳的发电状态和条件，需要对光伏电池建立一个数学模型，通过各个物理参量的数学关系式来清晰地反映各相参数变化的影响和规律。

　　如图 3.45 所示，在电池受到光照时，由于光伏效应会让电池中的 P-N 结内产生电流 I_L，其流向为 N 区到 P 区，在电池的拓扑网络中等效为一个恒流源，输出的电流称为光生电流；I_d 为暗电流，反映的是在温度不变的情况下，半导体 P-N 结自身内部的扩散电流的大小，方向与光生电流 I_L 相反，由 P 区流向 N 区，流经的路径电阻很小，故由电力二极管代替；R_{sh} 为并联电阻，一般大小在几千欧姆，反映的是半导体在工作时其边缘的污垢和内部的缺陷造成损耗大小的能力，I_{sh} 为等效电流的分量；串联电阻 R_s 阻值较小，一般为 1 Ω，反映的是光伏电池的体积电阻、表面电阻及表面接触电阻等造成损耗大小的能力，R_s 和 R_{sh} 一样，大小由电池本身的材料性质决定。I 是负载电流，V 是负载两端的电压，两者都为未知量。光伏电池的各项参数见表 3.6。

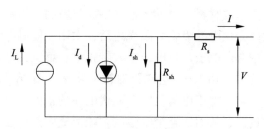

图 3.45　半导体光伏效应电路原理图

表 3.6　光伏电池各项参数

参量	参量含义	参量	参量含义
I（待求变量）	负载电流	S（变量）	光照强度
V（待求变量）	负载两端电压	S_{ref}（常量）	标准光照强度（1000 W/m²）
I_L（变量）	光生电流	T（变量）	温度
R_{sh}（常量）	并联电阻	T_{ref}（常量）	标准温度（25 ℃）
R_s（常量）	串联电阻	I_{SC}（常量）	短路电流
a	电流变化温度系数	V_{OC}（常量）	开路电压
b	电压变化温度系数		

在光伏发电系统并网工作原理图（图 3.46）中，一组光伏电池组成的光伏阵列，其内含的半导体 P-N 结吸收太阳光，通过光伏效应产生电能，具体的宏观现象就是光伏阵列对外电路输送电流。太阳能电池的输出电流会受外界环境因素的影响而不同，在外界环境变化较大时，输出电流和功率是非线性的；在外界环境因素稳定的情况下，光伏阵列提供给外电路的电流是大小和方向持续不变的直流电，再通过逆变电路 DC/AC 转换成交流电提供给电网，这时输出功率也是恒定的。

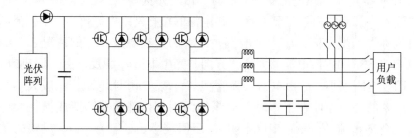

图 3.46　光伏发电系统并网工作原理图

3.3.2　分布式电源中光伏电源模型及测试

图 3.47 所示为光伏发电系统的完整仿真电路测试图。

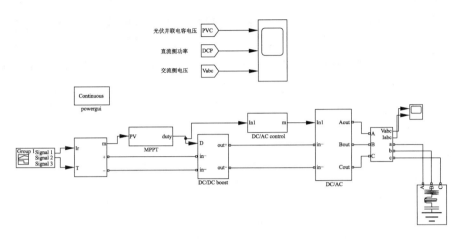

图 3.47　光伏发电系统 Simulink 测试电路

　　光伏电池工作的外部环境条件给定默认的光照强度 $S = 1000\ \mathrm{W/m^2}$ 和环境温度 $T = 25\ ℃$ 不变，在系统右侧末端接上三相串联的 RLC 负载，设置仿真时间为 0.1 s，测得的负载端电压、电流波形可以通过 scope4 获得，波形如图 3.48 所示。

　　观察输出的负载电压、电流波形，可以发现在 0.02 s 之前 A、B、C 三相电压电流从零时刻开始出现波形并逐渐向标准的正弦波过渡，波形幅值逐渐增加，周期慢慢减小，直至 0.02 s 时刻及以后，负载的 A、B、C 三相 U、I 波形稳定下来，呈现幅值大小固定、周期恒定为 0.02 s 的正弦波。

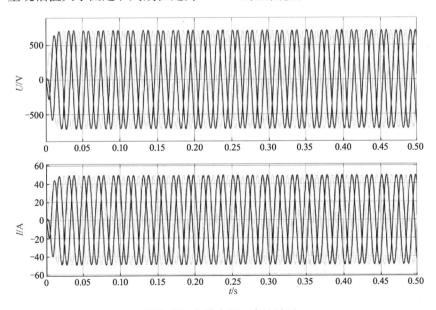

图 3.48　负载电压、电流波形

得到了负载 U、I 波形，需要对输出的负载电流进行谐波分析，检查三相电流是否满足并网条件。在光伏发电系统开始工作后，系统输出电压、电流的频率很快变为 50 Hz 并维持不变，频率的高低与负载大小无关，相位也基本相同。但是由于波形上出现了细小的毛刺，推测输出信号带有一定的谐波分量，故通过 FFT Analysis 工具来对负载的三相电流波形进行谐波分析，检测是否符合标准，如图 3.49 所示。

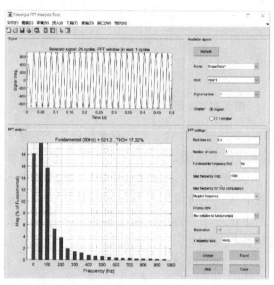

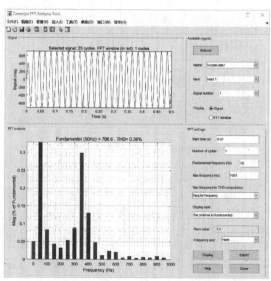

图 3.49　对输出波形进行谐波分析

改变光伏电源的初始条件，光照强度维持在 1000 W/m^2、温度为 10 ℃、55 ℃，在 0.25 s 处分段的曲线如图 3.50 所示。

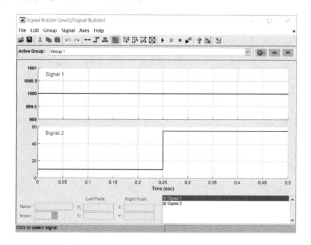

图 3.50　光伏电源工作外界条件 1

得到的光伏输出直流电压、输出功率和电流波形如图 3.51 所示。由图 3.51 可以看出，在固定光照强度时，不同温度条件下系统输出的电压、电流幅值大小发生了改变，其变化时刻也在 0.25 s，与温度变化时刻相同，符合温度越高输出电流和功率越低的输出特性。

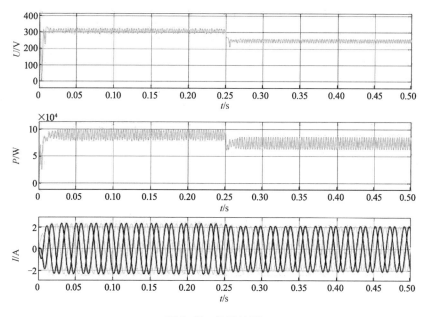

图 3.51　输出波形

若将光照强度和温度曲线设置为如图 3.52 所示的信号波形，光照强度逐渐增大到 0.2 s 变为恒定值，温度不变，则有光伏电源输出电流和功率随光照强度逐渐增加，到 0.2 s 时刻保持一个恒定值的波形（图 3.53），其也符合理论上的 I-V 和 P-V 特性曲线变化规律。

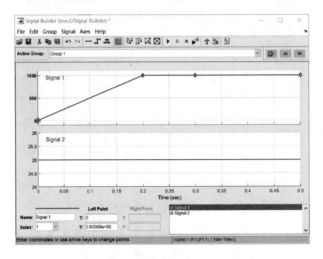

图 3.52　光伏电源工作外界条件 2

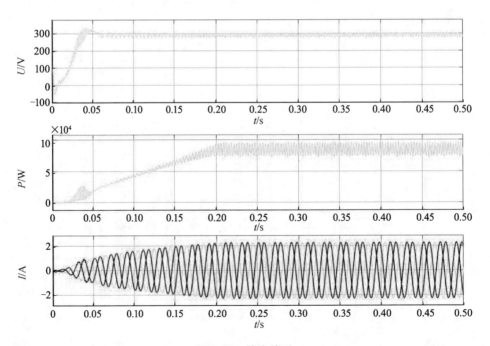

图 3.53　输出波形

3.4　双馈风电电源并网故障暂态特性

在电网故障情况下，风力发电的暂态输出特性主要由并网接口决定，由于转子回路的电网侧变流器容量较小，因此双馈风电机组的暂态特性主要决定于绕线式异步发电机的定子输出，直驱风电机组依靠四象限变流器实现并网，其暂态特性由接口变流器的调控决定。异步机接口的双馈风电机组与变流器接口的直驱风电机组在电网故障下的输出特性具有较大区别，因此本节主要分析双馈风电机组故障暂态特性，下一节则通过并网变流器暂态行为的分析来研究直驱并网故障暂态特性。

3.4.1　双馈风电机组故障暂态行为

1. 双馈风电机组定子暂态过程

三相静止坐标系下的发电机定子电压空间矢量 $u_{s0,abc}$ 为一个幅值为 U_{s0}、转速为同步角速度 ω_s 的旋转矢量，可写为

$$u_{s0,abc} = U_{s0}e^{j\omega_s t}e^{j\alpha} = \dot{U}_{s0}e^{j\omega_s t} \tag{3.48}$$

式中：$\dot{U}_{s0}$ 为稳态运行时的机端电压相量；α 为 a 相电压的初相角。

假设 $t=t_0$ 时刻，电网发生三相永久性短路故障，机端电压对称跌落。忽略机端电压相位跳变及电网频率波动，故障后的机端电压为

$$u_{sf,abc} = kU_{s0}e^{j\alpha}e^{j\omega_s t} = ku_{s0,abc} \tag{3.49}$$

式中：k 为电网发生短路后机端电压幅值的跌落率，值为短路后机端电压幅值与短路前电压幅值之比。

由于定子电阻通常较小，所以忽略定子电阻，由双馈感应发电机定子电压方程，可得故障后的定子磁链为

$$\psi_{s,abc} = \frac{ku_{s0,abc}}{j\omega_s} + ce^{-\tau_1 t_0} \tag{3.50}$$

式中：c 为积分常数；$\tau_1 = R_s/L_s$ 为定子磁链的衰减时间常数。

根据磁链守恒定律，同一绕组回路中的磁链在换路瞬间守恒，即电网故障后一瞬间（$t=t_{0+}$ 瞬间）定子磁链的代数和等于换路前一瞬间（$t=t_{0-}$ 瞬间）磁链的代数和，所以可得故障前、后的定子磁链为

$$\psi_{s,abc} = \begin{cases} \dfrac{\dot{U}_{s0}}{j\omega_s}e^{j\omega_s t}, & t<t_0 \\[3mm] \psi_{sf,abc} + \Psi_{sn,abc}e^{-\tau_1 t}, & t \geq t_0 \end{cases} \tag{3.51}$$

式中：$\psi_{sf,abc}$、$\Psi_{sn,abc}$ 分别为故障后的定子磁链强制分量和自然分量，计算公式为

$$\psi_{sf,abc} = \frac{k\dot{U}_{s0}e^{j\omega_s t}}{j\omega_s} \tag{3.52}$$

$$\Psi_{sn,abc} = \frac{(1-k)\dot{U}_{s0}e^{j\omega_s t_0}}{j\omega_s} \tag{3.53}$$

在外部电网故障冲击下，定子磁链空间矢量的暂态变化过程如图 3.54 所示。电网故障前，定子磁链矢量在空间以恒定幅值逆时针同步旋转，其运动轨迹如图 3.54 中虚线圆所示。在短路发生瞬间，机端电压跌落，由于磁链不能突变，其空间矢量的幅值和位置均保持不变。为了补偿定子电压瞬间跌落造成的磁链减小，定子磁链中产生了暂态的直流磁链分量。该直流磁链分量的大小与机端电压跌落率及故障时刻有关，电网故障越严重，机端电压跌落越大，暂态磁链尖峰越大。

暂态直流分量在空间相对静止，随着时间不断衰减，其衰减时间常数主要由定子电阻和定子电感之比决定。由于双馈发电机定子电阻较小，其暂态磁链衰减时间一般较长，表现为弱阻尼模式。定子磁链此时包括周期分量及暂态直流分量，其空间运动轨迹如图 3.54 中弧 AB 所示，定子磁链强制分量仍然以同步转速正方向旋转，所以故障后定子磁链矢量以不断衰减的幅值正方向旋转。随着定子磁链直流分量衰减至零，双馈发电机进入故障后的稳定运行状态，定子磁链等于强制磁链分量，定子磁链矢量的运动轨迹为以磁链强制分量的大小为半径、以圆心为原点的圆，与稳态运行时相似。

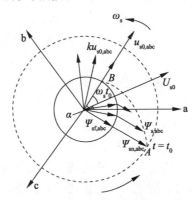

图 3.54　电网对称短路下双馈感应发电机端电压与定子磁链空间矢量图

2. 双馈风电机组转子暂态过程

转子磁链为

$$\psi_{r,abc} = \frac{L_m}{L_s}\psi_{r,abc} + \left(\frac{L_s L_r - L_m^2}{L_s}\right)i_{r,abc} \tag{3.54}$$

将式（3.54）代入转子电压方程，可得转子电压的表达式为

$$u_{\mathrm{r,abc}}=u_{\mathrm{rf,abc}}+u_{\mathrm{rc,abc}} \tag{3.55}$$

转子电压包含两个分量：与定子磁链有关的电压分量 $u_{\mathrm{rf,abc}}$ 及由转子电流决定的电压分量 $u_{\mathrm{rc,abc}}$，表达式为

$$u_{\mathrm{rf,abc}}=\frac{L_{\mathrm{m}}}{L_{\mathrm{s}}}(D-\mathrm{j}\omega_{\mathrm{r}})\,\psi_{\mathrm{s,abc}} \tag{3.56}$$

$$u_{\mathrm{rc,abc}}=R_{\mathrm{r}}i_{\mathrm{r,abc}}+i_{\mathrm{r,abc}}\sigma L_{\mathrm{r}}(D-\mathrm{j}\omega_{\mathrm{r}}) \tag{3.57}$$

式中：$\sigma=1-L_{\mathrm{m}}^{2}/L_{\mathrm{s}}L_{\mathrm{r}}$ 为发电机漏电系数；σL_{r} 为转子暂态电感。

电压分量 $u_{\mathrm{rf,abc}}$ 由两个部分组成：$L_{\mathrm{m}}D\psi_{\mathrm{s,abc}}/L_{\mathrm{s}}$ 是与空间旋转磁动势的变化量对应的转子电压；$\mathrm{j}\omega_{\mathrm{r}}\psi_{\mathrm{s,abc}}L_{\mathrm{m}}/L_{\mathrm{s}}$ 是与速度有关的电压，是同步旋转的磁动势以转差速度切割转子绕组产生的电动势。电压分量 $u_{\mathrm{rc,abc}}$ 包括转子电阻压降及转子暂态电感压降两部分，其暂态特征主要由转子电流决定。

电网稳态运行时，定子磁链及转子电流均保持恒定，此时双馈风电机组的转子电压等于转子绕组切割气隙主磁场产生的转子暂态电动势与转子电阻、电感压降之和。当电网发生故障时，转子电压分量为

$$u_{\mathrm{rf,abc}}=\begin{cases}\dfrac{sL_{\mathrm{m}}}{L_{\mathrm{s}}}\dot{U}_{\mathrm{s0}}\mathrm{e}^{\mathrm{j}\omega_{\mathrm{s}}t} & t<t_{0}\\[3mm]\dfrac{sL_{\mathrm{m}}}{L_{\mathrm{s}}}k\dot{U}_{\mathrm{s0}}\mathrm{e}^{\mathrm{j}\omega_{\mathrm{s}}t}-\dfrac{L_{\mathrm{m}}}{L_{\mathrm{s}}}(\mathrm{j}\omega_{\mathrm{r}}+\tau_{1})\,\boldsymbol{\Psi}_{\mathrm{sn,abc}}\mathrm{e}^{-\tau_{1}t}, & t\geqslant t_{0}\end{cases} \tag{3.58}$$

定子磁链衰减时间常数 τ_{1} 较小，所以化简可得故障后的电压分量 $u_{\mathrm{rf,abc}}$ 为

$$u_{\mathrm{rf,abc}}=\frac{sL_{\mathrm{m}}}{L_{\mathrm{s}}}k\dot{U}_{\mathrm{s0}}\mathrm{e}^{\mathrm{j}\omega_{\mathrm{s}}t}+\frac{L_{\mathrm{m}}(1-s)(1-k)}{L_{\mathrm{s}}}\dot{U}_{\mathrm{s0}}\mathrm{e}^{\mathrm{j}\omega_{\mathrm{s}}t_{0}}\mathrm{e}^{-\tau_{1}t} \tag{3.59}$$

式中：$s=(\omega_{\mathrm{s}}-\omega_{\mathrm{r}})/\omega_{\mathrm{s}}$ 为双馈感应发电机的转差率。

由式（3.59）可知，电压 $u_{\mathrm{rf,abc}}$ 的周期分量与发电机的转差率成正比，由于双馈风电机组的变速范围一般在 $\pm20\%$ 之间，因此故障发生前 $u_{\mathrm{rf,abc}}$ 的值一般较小。电网发生故障后，定子暂态磁链的出现在转子电压中感生出一个暂态电动势分量，该暂态分量与 $1-s$ 成正比，所以其值相对较大。在故障发生后的前几个周期，该暂态电压甚至接近于发电机的额定电压，特别是在双馈发电机超同步运行状态下，其值可能更高。

在外部电网故障冲击作用下，转子回路出现暂态电压分量，由于双馈感应发电机的变流器采用滞后校正控制，故障瞬间转子侧变流器交流电压不变，因此双馈感应发电机转子回路将产生冲击电流。为了避免过大的冲击电流损坏电力电子器件，通常需要利用转子保护将转子侧变流器切除或采取附加的控制策略，以保

证电气设备的安全。当转子冲击电流处于变流器安全允许范围内时，转子侧变流器可保持连接，变流器控制回路输入出现余差，变流器将根据相应的控制策略对转子电流进行调控。

利用拉普拉斯变换，设电网短路后机端电压降为 $KU_{s0}(s)$，转子侧和电网侧变流器的响应时间分别为 τ_1、τ_2。假设在变流器的每个响应周期内，变流器的电压、电流都保持恒定，未出现 2 次振荡。令转子侧和网侧变流器正常运行时的闭环传递函数分别为 $G_1^0(s)$、$G_2^0(s)$，则 $0 < t < \tau_2$ 时间内的直流联络线电压为

$$U_d = KU_{s0}(s)\,G_2^0(s) \tag{3.60}$$

若 $\tau_1 \geqslant \tau_2$，转子电压为

$$U_r(s) = KU_{s0}(s)\,G_2^0(s)\,G_1^0(s) \tag{3.61}$$

若 $\tau_1 < \tau_2$，则有

$$U_r(s) = \begin{cases} KU_{s0}(s)\,G_2^0(s)\,G_1^n(s)\,, & n\tau_1 \leqslant t < (n+1)\,\tau_1 \\ KU_{s0}(s)\,G_2^0(s)\,G_1^p(s)\,, & p\tau_1 < t \leqslant \tau_2 \end{cases} \tag{3.62}$$

式中：$G_1^n(s)$ 为第 n 次变化后转子侧变流器的传递函数；$n = 1, 2, 3, \cdots, p$，$p = \tau_2/\tau_1$ 为转子侧变流器在 $0 < t \leqslant \tau_2$ 时间内的响应次数。

短路发生 τ_2 时间后，在电网侧变流器的控制作用下，直流电压变为

$$U_d(s) = KU_{s0}(s)\,G_2^1(s) \tag{3.63}$$

式中：$G_2^1(s)$ 为网侧变流器输出变化后对应的传递函数。因此，$\tau_2 \leqslant t < \tau_1 + \tau_2$ 时间内转子变流器交流侧电压为

$$U_r(s) = KU_{s0}(s)\,G_2^1(s)\,G_1^p(s) \tag{3.64}$$

进一步可得到转子侧变流器交流输出电压的变化特性，如图 3.55 所示。将 $T = \tau_1 + \tau_2$ 定义为转子电压的广义控制周期，在一个广义周期内，转子电压将变化 $p+1$ 次，即双馈感应发电机的转子暂态过程会出现快速波动，电网侧变流器响应时间越长、转子侧变流器响应时间越短时，转子电压、电流的脉动越明显。

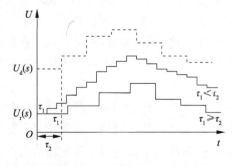

图 3.55　变流器非线性调控下转子电压和直流母线电压特性曲线

3.4.2　双馈风电机组故障暂态机理

1. 电网对称故障下机端电压深度跌落时的短路电流

机端电压深度跌落时，转子过电流触发 Crowbar 电路保护动作，双馈风电机组转子侧变流器被短接，转子回路馈入电压为零。此时，双馈感应发电机等效为一个转子绕组接有较大电阻的感应发电机（图 3.56）。定子、转子均采用电动机惯例，定子三相静止坐标系下，带 Crowbar 电路运行的双馈感应发电机空间矢量模型可改写为

$$\boldsymbol{u}_{s,abc}^{c}=R_s\boldsymbol{i}_{s,abc}^{c}+D\boldsymbol{\psi}_{s,abc}^{c} \tag{3.65}$$

$$\boldsymbol{0}=R_r'\boldsymbol{i}_{r,abc}^{c}+D\boldsymbol{\psi}_{r,abc}^{c}-j\boldsymbol{\omega}_r\boldsymbol{\psi}_{r,abc}^{c} \tag{3.66}$$

$$\boldsymbol{\psi}_{s,abc}^{c}=L_s\boldsymbol{i}_{s,abc}^{c}+L_m\boldsymbol{i}_{r,abc}^{c} \tag{3.67}$$

$$\boldsymbol{\psi}_{r,abc}^{c}=L_r\boldsymbol{i}_{r,abc}^{c}+L_m\boldsymbol{i}_{s,abc}^{c} \tag{3.68}$$

式中：上标 c 表示 Crowbar 保护动作后的双馈感应发电机电气量；$R_r'=R_r+R_a$ 为 Crowbar 电路接入后的转子等效电阻；R_a 为 Crowbar 电阻。

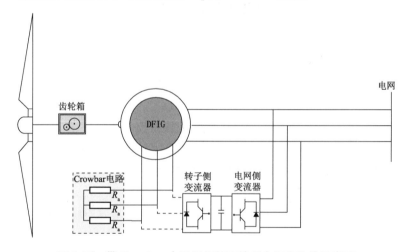

图 3.56　带 Crowbar 电阻运行的双馈风电机组结构示意图

（1）常规感应发电机短路电流

常规感应发电机的数学模型与带 Crowbar 电阻运行的双馈感应发电机的数学模型一致。设 $t=t_0$ 时刻电网发生三相对称短路故障，由于常规感应发电机定、转子电阻均较小，所以忽略定子、转子电阻的影响，假设故障后机端电压幅值跌落为稳态运行电压的 k 倍，常规感应发电机的定子、转子磁链分别为

$$\boldsymbol{\varPsi}_{s,abc}^{t}=\frac{k\dot{U}_{s0}^{t}\mathrm{e}^{j\omega_s t}}{j\omega_s}+\frac{(1-k)\,\dot{U}_{s0}^{t}\mathrm{e}^{j\omega_s t_0}\mathrm{e}^{-\tau_1 t}}{j\omega_s} \tag{3.69}$$

$$\Psi_{r,abc}^{t} = \frac{kL_m \dot{U}_{s0}^{t} e^{j\omega_s t}}{j\omega_s L_s} + \frac{(1-k) L_m \dot{U}_{s0}^{t} e^{j\omega_s t_0} e^{-\tau_1 t}}{j\omega_s L_s} \tag{3.70}$$

式中：上标 t 表示常规感应发电机的电气量；$\tau_1 = R_s / L_s$ 为定子磁链暂态直流分量的衰减时间常数；$\dot{U}_{s0}^{t}$ 为稳态运行时的机端电压相量，其幅值为 U_{s0}^{t}。

消去转子电流，由定子、转子磁链方程可得常规感应发电机短路电流的表达式：

$$i_{s,abc}^{t} = \frac{L_r \psi_{s,abc}^{t}}{L'} - \frac{L_m \psi_{r,abc}^{t}}{L'} \tag{3.71}$$

其中，

$$L' = L_s L_r - L_m^2 \tag{3.72}$$

将式（3.69）、式（3.70）、式（3.72）代入式（3.71），常规感应发电机输出短路电流的空间矢量为

$$i_{s,abc}^{t} = i_{sf,abc}^{t} + i_{sn,abc}^{t} \tag{3.73}$$

式中：$i_{sf,abc}^{t}$、$i_{sn,abc}^{t}$ 分别表示短路电流的周期分量和暂态直流分量：

$$i_{sf,abc}^{t} = \left(1 - \frac{L_m^2}{L_r L_s}\right) \frac{kL_r \dot{U}_{s0}^{t} e^{j\omega_s t}}{j\omega_s L'} \tag{3.74}$$

$$i_{sn,abc}^{t} = \left(1 - \frac{L_m^2}{L_s L_r}\right) \frac{(1-k) L_r \dot{U}_{s0}^{t} e^{j\omega_s t_0} e^{-\tau_1 t}}{j\omega_s L'} \tag{3.75}$$

（2）带 Crowbar 电阻运行的双馈感应发电机短路电流

双馈风电机组的 Crowbar 保护电阻必须能阻尼转子暂态过电流，其值一般较大，约为发电机自身电阻的 20 倍。因而与常规感应发电机不同，带 Crowbar 电阻运行的双馈感应发电机转子电阻不应忽略。

消去定子电流，可得带 Crowbar 电阻运行的双馈感应发电机转子电流为

$$i_{r,abc}^{c} = \frac{L_m}{L_m^2 - L_s L_r} \psi_{s,abc}^{c} - \frac{L_s}{L_m^2 - L_s L_r} \psi_{r,abc}^{c} \tag{3.76}$$

同样忽略定子电阻，短路后双馈感应发电机的定子磁链方程与常规感应发电机相同，可得

$$i_{r,abc}^{c} = \frac{L_m}{L_m^2 - L_s L_r} \left[\frac{k\dot{U}_{s0}^{c} e^{j\omega_s t}}{j\omega_s} + \frac{(1-k) \dot{U}_{s0}^{c} e^{j\omega_s t_0} e^{-\tau_1 t}}{j\omega_s} \right] - \frac{L_s}{L_m^2 - L_s L_r} \psi_{r,abc}^{c} \tag{3.77}$$

求得双馈感应发电机的转子磁链为

$$\Psi_{r,abc}^{c} = \frac{R_r' \lambda k \dot{U}_{s0}^{c} e^{j\omega_s t}}{s\omega_s^2 + jR_r' \omega_s \mu} + \frac{R_r' \lambda (1-k) \dot{U}_{s0}^{c} e^{j\omega_s t_0} e^{-\tau_1 t}}{jR_r' \omega_s \mu - \omega_s \omega_r} + Ce^{(R_r' \mu + j\omega_r) t} \tag{3.78}$$

式中：

$$\lambda = \frac{L_{\mathrm{m}}}{L_{\mathrm{m}}^2 - L_{\mathrm{s}} L_{\mathrm{r}}}, \quad \mu = \frac{L_{\mathrm{s}}}{L_{\mathrm{m}}^2 - L_{\mathrm{s}} L_{\mathrm{r}}} \tag{3.79}$$

若故障前双馈风电机组空载运行，积分常数 C 为

$$C = \frac{L_{\mathrm{r}} \dot{U}_{s0}^c \mathrm{e}^{j\omega_s t_0}}{j\omega_s L_{\mathrm{m}}} - \frac{R_{\mathrm{r}}' \lambda k \dot{U}_{s0}^c \mathrm{e}^{j\omega_s t_0}}{s\omega_s^2 + j\omega_s \mu R_{\mathrm{r}}'} - \frac{R_{\mathrm{r}}' \lambda (1-k) \dot{U}_{s0}^c}{j\omega_s \mu R_{\mathrm{r}}' - \omega_s \omega_{\mathrm{r}}} \tag{3.80}$$

则带 Crowbar 电阻运行的双馈感应发电机短路电流为

$$i_{\mathrm{s,abc}}^c = i_{\mathrm{sf,abc}}^c + i_{\mathrm{sn,abc}}^c + i_{\mathrm{sh,abc}}^c \tag{3.81}$$

其中，周期分量 $i_{\mathrm{sf,abc}}^c$ 为

$$i_{\mathrm{sf,abc}}^c = \left[1 - \frac{jR_{\mathrm{r}}' \lambda L_{\mathrm{m}}}{(s\omega_s + jR_{\mathrm{r}}' \mu) L_{\mathrm{r}}} \right] \frac{kL_{\mathrm{r}} \dot{U}_{s0}^c \mathrm{e}^{j\omega_s t}}{j\omega_s L'} \tag{3.82}$$

短路电流的暂态直流分量 $i_{\mathrm{sn,abc}}^c$ 为

$$i_{\mathrm{sn,abc}}^c = \left[1 - \frac{jR_{\mathrm{r}}' L_{\mathrm{m}} \lambda}{(jR_{\mathrm{r}}' \mu - \omega_{\mathrm{r}}) L_{\mathrm{r}}} \right] \frac{(1-k) L_{\mathrm{r}} \dot{U}_{s0}^c \mathrm{e}^{j\omega_s t_0} \mathrm{e}^{-\tau_1 t}}{j\omega_s L'} \tag{3.83}$$

由于 μ 为负，所以转速频率的短路电流 $i_{\mathrm{sh,abc}}^c$ 为不断衰减的暂态分量，表达式为

$$i_{\mathrm{sh,abc}}^c = -\frac{L_{\mathrm{m}} \mathrm{e}^{\frac{R_{\mathrm{r}}' \mu t}{}} \mathrm{e}^{j\omega_{\mathrm{r}} t}}{L_{\mathrm{r}}} \left[\frac{L_{\mathrm{r}} \dot{U}_{s0}^c \mathrm{e}^{j\omega_s t_0}}{j\omega_s L_{\mathrm{m}}} - \frac{R_{\mathrm{r}}' \lambda k \dot{U}_{s0}^c \mathrm{e}^{j\omega_s t_0}}{s\omega_s + j\mu R_{\mathrm{r}}'} - \frac{R_{\mathrm{r}}' \lambda (1-k) \dot{U}_{s0}^c}{j\mu R_{\mathrm{r}}' - \omega_{\mathrm{r}}} \right] \tag{3.84}$$

由此可见，双馈风电机组 Crowbar 保护投入后，尽管双馈发电机实际上作感应发电机运行，但是由于转子电阻较大，此时双馈风电机组的短路电流输出与常规感应发电机具有较大区别：

① 短路电流的大小不同。Crowbar 保护动作串入转子绕组的大电阻后，与常规感应发电机相比，短路电流周期分量与非周期分量的大小均与转子电阻（即 Crowbar 电阻）的大小直接相关。其中，工频周期分量有如下关系：

$$\frac{i_{\mathrm{sf,abc}}^t}{i_{\mathrm{sf,abc}}^c} = \frac{1 - \dfrac{L_{\mathrm{m}}^2}{L_{\mathrm{r}} L_{\mathrm{s}}}}{1 - \dfrac{jR_{\mathrm{r}} L_{\mathrm{m}}^2}{s\omega_s L_{\mathrm{r}} (L_{\mathrm{m}}^2 - L_{\mathrm{s}} L_{\mathrm{r}}) + jR_{\mathrm{r}}' L_{\mathrm{r}} L_{\mathrm{s}}}} \tag{3.85}$$

其中，

$$\frac{jR_{\mathrm{r}}' L_{\mathrm{m}}^2}{s\omega_s L_{\mathrm{r}} (L_{\mathrm{m}}^2 - L_{\mathrm{s}} L_{\mathrm{r}}) + jR_{\mathrm{r}}' L_{\mathrm{r}} L_{\mathrm{s}}} = \frac{L_{\mathrm{m}}^2}{-js\omega_s L_{\mathrm{r}} (L_{\mathrm{m}}^2 - L_{\mathrm{s}} L_{\mathrm{r}}) / R_{\mathrm{r}}' + L_{\mathrm{r}} L_{\mathrm{s}}} \tag{3.86}$$

由于 $L_{\mathrm{m}}^2 - L_{\mathrm{s}} L_{\mathrm{r}} < 0$，所以有

$$\left| \frac{L_\mathrm{m}^2}{-\mathrm{j}s\omega_\mathrm{s}L_\mathrm{r}(L_\mathrm{m}^2-L_\mathrm{s}L_\mathrm{r})\,/R_\mathrm{r}'V+L_\mathrm{r}L_\mathrm{s}} \right| < 1-\frac{L_\mathrm{m}^2}{L_\mathrm{r}L_\mathrm{s}} \qquad (3.87)$$

上式表明，带 Crowbar 电阻运行的双馈感应发电机组的工频短路电流幅值和相位均不同于相同参数的常规感应发电机，其稳态短路电流大于常规感应发电机的短路电流。

② 短路电流的组成及暂态短路电流的衰减时间不同。除了包含工频周期分量和暂态直流分量，带 Crowbar 电阻运行的双馈感应发电机还包括一项角频率等于转子旋转角速度的暂态分量。该暂态分量的衰减时间与定子、转子的电感相关，Crowbar 电阻越大，该暂态分量的衰减速度越快。

2. 电网对称故障下机端电压非深度跌落时的短路电流

电枢与磁场端部量有关的运算参数是分析电机电磁特性的主要手段。由于电压、电流和磁链矢量均为复数表示的以时间 t 为变量的解析函数，所以建立的双馈风力发电机数学模型是时域的矢量模型。通过拉普拉斯变换，可以将时域变换为复频域。由双馈风力发电机转子电压方程和磁链方程消除转子磁链，整理得到转子电流代入定子电压方程，可得仅包含定子变量和励磁电压的端部磁场量：

$$\Psi_\mathrm{s}^\mathrm{c}(v) = G(v)\,[\,U_\mathrm{r}^\mathrm{c}(v) + \Psi_\mathrm{r}^\mathrm{c}(0)\,] + L_\mathrm{o}(v)\,I_\mathrm{s}^\mathrm{c}(v) \qquad (3.88)$$

式中：v 为拉普拉斯算子；U、I、Ψ 分别为电压、电流和磁链的象函数；$\Psi_\mathrm{r}(0)$ 为初始转子磁链；$G(v)$ 为转子绕组到定子磁场的传递函数；$L_\mathrm{o}(v)$ 为定子运算电感。

$$G(v) = \frac{L_\mathrm{m}}{R_\mathrm{r}+\mathrm{j}\omega L_\mathrm{r}+vL_\mathrm{r}} \qquad (3.89)$$

$$L_\mathrm{o}(v) = L_\mathrm{s}-\frac{(\mathrm{j}\omega+v)\,L_\mathrm{m}^2}{R_\mathrm{r}+\mathrm{j}\omega L_\mathrm{r}+vL_\mathrm{r}} \qquad (3.90)$$

定子运算电感是定子磁链中除转子量外与定子电流成比例的系数，反映了转子激磁回路对定子等效电感的影响。若转子激磁回路为超导体，定子运算电感始终等于定子暂态电感，相当于定子等效绕组旁边有一个短路绕组情况下的等效电感。这是由于双馈风力发电机定子、转子绕组均存在电流，在转子激磁电流产生的磁通抵消作用下，定子电枢反映磁通在穿过气隙后被挤到转子绕组的漏磁路径。双馈风力发电机的磁路始终由两个并联磁路组成，一是定子漏磁路径，二是气隙和励磁绕组漏磁路径串联的磁路。

（1）不计变流器控制的短路电流

假设正常运行时，双馈风力发电机机端电压、电流分别为 $u_\mathrm{s|0|}$ 和 $i_\mathrm{s|0|}$，转子侧变流器交流激磁电压为 $u_\mathrm{r|0|}$。$t=t_1$ 时刻，电网发生三相短路故障，机端电压跌落至 $pu_\mathrm{s|0|}$。忽略转子侧变流器控制的影响，双馈风力发电机的单机无穷大

系统等效电路如图 3.57a 所示，其中 $\Delta u_{s|0|} = (1-p) u_{s|0|}$ 为机端电压变化量。用叠加原理将图 3.57a 的故障等效电路分解为图 3.57b 和图 3.57c 两种情况的叠加。图 3.57b 所示的定、转子电压均为正常运行电压，其等效电路表示系统正常运行时的情况。图 3.57c 为双馈风力发电机的故障分量电路，相当于零初始状态下在双馈风力发电机的定子绕组上加上电压源。

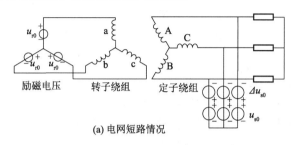

(a) 电网短路情况

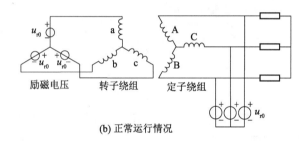

(b) 正常运行情况

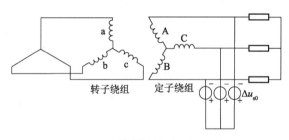

(c) 故障分量电路

图 3.57　不计变流器调整时双馈风力发电机单机无穷大系统故障等效电路

对于故障分量电路，原始定、转子磁链为零，其拉普拉斯运算方程为

$$\begin{cases} -\Delta u^c_{s|0|} \\ v = R_s \Delta I^c_s(v) + (j\omega_s + v)\, \Delta \Psi^c_s(v) \\ \Delta \Psi^c_s(v) = L_0(v)\, \Delta I^c_s(v) \end{cases} \tag{3.91}$$

式中：$\Delta I^c_s(v)$、$\Delta \Psi^c_s(v)$ 分别为定子电流和磁链的故障分量象函数；$\Delta u^c_{s|0|}$ 为机端

电压变化量的三相合成矢量。

忽略转子电阻，故障分量网络的定子运算电抗在整个故障期间保持恒定，始终等于暂态电感 σL_s。这表明电网故障期间，双馈风力发电机的磁路未发生变化。在未考虑变流器对转子激磁电压的调整时，转子基频（相对于定子）激磁电流保持不变，转子旋转磁动势在定子绕组上产生的基频感应电动势保持不变，进而使得定子短路电流基频分量在故障期间保持恒定。

消去定子磁链，可得短路电流故障分量的象函数为

$$\Delta I_s^c(v) = -\frac{\Delta u_{s|0|}^c}{R_s + j\omega_s L_o(v) + vL_o(v)} \cdot \frac{1}{v} \quad (3.92)$$

三相静止坐标系下的基频交流与同步坐标系下的直流分量相对应，而直流分量由同步坐标系中的基频交流分量转换而得。所以，式中分母零根所对应的原函数为短路电流故障分量的基频分量，忽略转子电阻，复数根对应的原函数为直流分量。通过拉普拉斯反变换，基频交流故障分量和直流自由故障分量的矢量表达式为

$$\Delta i_{sf\infty}^c = -\frac{\Delta u_{s|0|}^c}{R_s + j\omega_s \sigma L_s} \quad (3.93)$$

$$\Delta i_{sf=}^c = \frac{\Delta u_{s|0|}^c}{R_s + j\omega_s \sigma L_s} e^{-\lambda t} \quad (3.94)$$

式中：$\lambda = 1/\tau_s + j\omega_s$ 为暂态电流分量在同步旋转坐标系下的衰减时间常数。实部反映了暂态分量的衰减速度，虚部反映了相对于同步旋转坐标系的旋转速度。

忽略定子电阻，转速频率的短路电流故障分量由 $L_o(v)$ 虚根所对应的原函数变换得到

$$\Delta i_{s\omega_r}^c = \frac{R_r L_m^2 (1-p) u_{s|0|}^c}{L_s^2 (R_r + j\omega\sigma L_r)(R_r - j\omega_r\sigma L_r)} e^{-\eta t} \quad (3.95)$$

式中：$\eta = 1/\tau_r + j\omega$ 为转速频率电流分量在同步坐标系下的衰减时间常数，在定子三相坐标系中，其大小以转子暂态时间常数 τ_r 不断衰减。

双馈风力发电机的短路电流为正常运行电流与故障分量电流的叠加。双馈风力发电机正常运行时，转子绕组流过转差频率的激磁电流，定子绕组不含直流电流和转速频率电流。直流电流和转差频率电流的故障分量即为对应频率的短路电流，其成分及衰减特征与暂态分析的结果一致。短路电流基频分量为

$$i_{sf\infty}^c = -\frac{\Delta u_{s|0|}^c}{R_s + j\omega_s \sigma L_s} + i_{s|0|}^c = \frac{pu_{s|0|}^c - E'_{|0|}}{R_s + jX'_s} \quad (3.96)$$

$E'_{|0|}$ 为双馈风力发电机的暂态电动势，表达式为

$$E'_{|0|} = u_{s|0|}^c - (R_s + jX'_s) i_{s|0|}^c \quad (3.97)$$

式中：$i_{s|0|}^c$ 为正常运行时的定子电流；$X_s' = \omega_s \sigma L_s$ 为定子暂态等效电抗。

（2）计及变流器控制的短路电流

在定子磁链定向的矢量控制下，转子侧变流器通过调整转子电压来跟踪转子电流的指令值。电网发生短路后，变流器响应机端电压的跌落，可能会引起转子指令值变化。变流器具有快速响应能力，因而可忽略转子侧变流器控制的过渡过程，将转子电压视为瞬间调整。双馈风力发电机单机无穷大系统的故障等效电路如图 3.58a 所示，其中 $\Delta u_{r|0|}$ 为转子电压的变化量，表达式为

$$\Delta u_{r|0|}^c = \frac{(R_r + j\omega L_r)\,\Delta u_{s|0|}^c}{\lambda L_m} + \frac{(R_r + j\omega\sigma L_r)\,(1-p)\,L_s \tilde{S}}{p u_{s|0|}^c L_m} \qquad (3.98)$$

即电网故障时双馈风力发电机的暂态过程可视为定子、转子绕组上两组电压源叠加作用的结果。当电压源 $u_{s|0|}$、$u_{r|0|}$ 作用时，电压源 $\Delta u_{s|0|}$、$\Delta u_{r|0|}$ 代之以短路，相应地等效电路如图 3.58b 所示。图 3.58b 中双馈风力发电机定子、转子电压均为正常运行电压，反映了电网正常运行时的情况。电压源 $\Delta u_{s|0|}$、$\Delta u_{r|0|}$ 作用时的等效电路如图 3.58c 所示。定子、转子正常运行电压为零，相当于零初始状态下在双馈风力发电机的定子、转子绕组上分别加上电压变化量，反映了故障分量的变化情况。

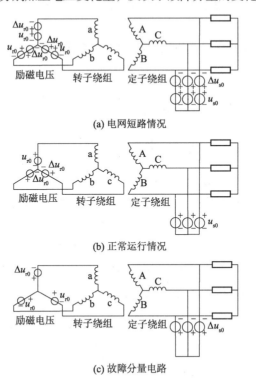

(a) 电网短路情况

(b) 正常运行情况

(c) 故障分量电路

图 3.58　计及变流器控制的 DFIG 单机无穷大系统故障等效电路

在图 3.58c 所示的故障分量电路中，定子、转子初始磁链为零，而转子电压不为零。相应的拉普拉斯运算方程为

$$\begin{cases} \underline{-\Delta u_{s|0}^c} \\ v = R_s \Delta I_s^c(v) + j\omega_s \Delta \Psi_s^c(v) + v\Delta \Psi_s^c(v) \\ \Delta \Psi_s^c(v) = G(v)(-\Delta u_{r|0}^c / v) + L_o(v)\Delta I_s^c(v) \end{cases} \tag{3.99}$$

可得短路电流的故障分量为

$$\Delta I_s^c(v) = \Delta I_{ss}^c(v) + \Delta I_{sr}^c(v) \tag{3.100}$$

式中：$\Delta I_{ss}^c(v)$、$\Delta I_{sr}^c(v)$ 分别为定子和转子电压变化量引起的短路电流故障分量。

$$\Delta I_{ss}^c(v) = -\frac{\Delta u_{s|0}^c}{[R_s + j\omega_s L_o(v) + vL_o(v)]v} \tag{3.101}$$

$$\Delta I_{sr}^c(v) = \frac{(j\omega_s + v)G(v)\Delta u_{r|0}^c}{[R_s + j\omega_s L_o(v) + vL_o(v)]v} \tag{3.102}$$

忽略变流器调整时的短路电流故障分量相同。短路电流除了与运算电感有关外，还与传递函数 $G(v)$ 有关。其分母零根所对应的原函数为基频电流分量，分母复数根对应的原函数为暂态直流分量，而传递函数 $G(v)$ 的分母零根对应转速频率分量。

利用部分分式展开法对式进行拉普拉斯反变换，相应的直流和转速频率的电流故障分量分别为

$$\Delta i_{sfr=}^c = -\frac{R_s L_m \Delta u_{r|0}^c}{L_r(R_s + j\omega_r \sigma L_s)(R_s + j\omega_s \sigma L_s)}e^{-\lambda t} \tag{3.103}$$

$$\Delta i_{sr\omega_r}^c = -\frac{L_m \Delta u_{r|0}^c}{L_s(R_r + j\omega\sigma L_r)}e^{-\eta t} \tag{3.104}$$

将转子电压的变化量分别与上式相加即可得到短路电流的直流分量和转速频率分量。同理，忽略运算电感中的转子电阻，所对应的基频电流故障分量为

$$\Delta i_{sfr\infty}^c = \frac{j\omega_s L_m \Delta u_{r|0}^c}{\omega L_r(R_s + j\omega_s \sigma L_s)} \tag{3.105}$$

$\Delta I_{sr}^c(v)$ 与 $\Delta I_{ss}^c(v)$ 的原函数所对应的各电流分量方向均反向，这是由于转子侧变流器总是为了抑制机端电压跌落的影响。与 $\Delta I_{ss}^c(v)$ 原函数中的基频分量及正常运行电流相加，可得基频短路电流量为

$$i_{sf\infty}^c = Z_e i_{s*}^c = \frac{Z_e \tilde{S}}{p u_{s|0}^c} \tag{3.106}$$

式中：等效阻抗 Z_e 为

$$Z_e = \frac{j\omega_s L_s (R_r + j\omega\sigma L_r)}{(R_s + j\omega_s\sigma L_s)(R_r + j\omega L_r)} \approx 1 \tag{3.107}$$

短路电流的基频分量仅包含与变流器控制的功率指令值相关的项，除定子感应电动势与定子电压差产生的基频短路电流外，在变流器控制作用下定子绕组中还出现基频短路电流分量的增量，以抵消机端电压跌落造成的输出功率降低。

转子侧变流器通过消除输入余差来跟踪控制指令值，在双馈风力发电机暂态电气量随时间衰减的过程中，变流器的调整作用存在一定的过渡过程。双馈风力发电机的转子电压是电机电磁暂态与变流器调控过程耦合的中间变量，可利用转子电压方程与控制方程消去。再由转子电流方程消去转子电流，可得计及变流器控制过渡过程的拉普拉斯运算方程为

$$\varPsi_s^c(v) = L_{oc}(v) I_s^c(v) + L_{ad}(v) I_{s*}^c(v) + G_c(v) \varPsi_r^c(0) \tag{3.108}$$

式中：$I_{s*}^c(v)$ 为转子电流指令值对应的定子电流象函数；$G_c(v)$ 为转子初始磁链至定子磁链的传递函数；运算电感 $L_{oc}(v) = L_{oc1}(v) + L_{oc2}(v)$。

$$L_{oc1}(v) = L_s - \frac{(v + j\omega - j\omega\sigma) L_m^2}{R_r + (v + j\omega - j\omega\sigma) L_r} \tag{3.109}$$

$$L_{oc2}(v) = \frac{k_p L_s + (k_i/v) L_s - j\omega\sigma L_m^2}{R_r + j\omega L_r + v L_r - j\omega\sigma L_r} \tag{3.110}$$

$$L_{ad}(v) = \frac{(k_p + k_i/v) L_s}{R_r + j\omega L_r + v L_r - j\omega\sigma L_r} \tag{3.111}$$

$$G_c(v) = \frac{L_m}{R_r + j\omega L_r + v L_r - j\omega\sigma L_r} \tag{3.112}$$

定子电流 $I_s^c(v)$ 对应的磁通所经过的磁路由两个等效电感分别为 $L_{oc1}(v)$ 和 $L_{oc2}(v)$ 的并联磁路组成。忽略转子电阻，运算电感 $L_{oc1}(v)$ 始终等于定子绕组的暂态等效电感 σL_s，与不计变流器控制时的定子运算电感相等。变流器的控制相当于在定子暂态等效绕组旁边增加了一个等效电感为 $L_{oc2}(v)$ 的虚拟磁路。

在短路初瞬$(t = t_0，v = \infty)$，忽略转子电阻，各运算电感分别为

$$\lim_{v \to \infty} L_{oc1}(v) = \sigma L_s, \ \lim_{v \to \infty} L_{oc2}(v) = 0, \ \lim_{v \to \infty} L_{ad}(v) = 0 \tag{3.113}$$

电感 $L_{oc2}(v)$、$L_{ad}(v)$ 均等于零，定子磁链故障分量与 $I_{s*}^c(v)$ 无关。运算电感 $L_{oc1}(v)$ 等于暂态电感 σL_s，定子磁链与电流的关系与不考虑变流器控制式时一致。这表明尽管变流器控制的采样频率高达数千赫兹，但是由于转子电路的电磁动态不可能远快于转子暂态时间常数，在故障初瞬 4~5 ms 内变流器控制的影响很小，转子电压可以近似为恒定。

假设故障发生 T_{ac} 时间后，转子回路响应转子电压的变化。利用双馈风力发

电机的定转子电压方程、磁链方程以及转子电压的控制方程，包含变流器完整控制过程的定子短路电流为

$$i_{sf}^c = i_{sf=}^c + i_{sfn}^c + i_{sf\infty}^c \tag{3.114}$$

其中，

$$i_{sf\infty}^c = i_{sf*}^c = \frac{p u_{s|0|}^c}{} \tag{3.115}$$

$$i_{sf=}^c = \frac{[k_p L_s + (s-1) L_m^2 \lambda] \Delta u_s^c e^{\lambda(t_1+T_{ac})} e^{-\lambda t}}{L_s L_m \lambda [\sigma L_r \lambda^2 - (R_r+k_p) \lambda + k_i]} \tag{3.116}$$

$$i_{sfn}^c = \left(\frac{\alpha_2 e^{\alpha_1 t}}{\alpha_1 - \alpha_2} - \frac{\alpha_1 e^{\alpha_2 t}}{\alpha_1 - \alpha_2}\right) \frac{L_m i_{r|0|}^c}{L_s} \tag{3.117}$$

3.5 直驱风电电源并网故障暂态特性

直驱风电机组通过变流器连接电网，相较于双馈风电机组，直驱风电机组只有一个能量通道。其变流器要求直流侧电压稳定，所以在直流侧一般并接电容器以稳定直流电压。从能量传输和平衡角度分析，直驱风电机组是将直流侧电能注入交流系统的转换器，其在任何情况下都需要保持能量的平衡，即注入交流系统的有功等于直流侧提供的功率。

3.5.1 直驱风电机组故障暂态过程

若采用前馈补偿和 PI 调节的控制方式，直驱风电机组网侧变流器方程可表述为

$$\begin{cases} u_d = \left(k_P + \dfrac{k_I}{s}\right) (i_d^* - i_d) + R i_d + \omega_s L i_q + u_{gd} \\ u_q = \left(k_P + \dfrac{k_I}{s}\right) (i_q^* - i_q) + R i_q - \omega_s L i_d + u_{gq} \end{cases} \tag{3.118}$$

式中：k_P、k_I 分别为电流内环比例调节系数和积分调节系数；i_d^*、i_q^* 分别为输出电流 d 轴、q 轴分量的指令值。

采用电网电压定向矢量控制技术，将 d 轴定向于电网电压矢量时，有

$$\begin{cases} u_{gd} = |\dot{U}_g| = U_g \\ u_{gq} = 0 \end{cases} \tag{3.119}$$

式中：U_g 为电网电压矢量幅值。

因此，变流器交流侧输出功率为

$$\begin{cases} P=u_{gd}i_d+u_{gq}i_q=U_g i_d \\ Q=u_{gq}i_d-u_{gvd}i_q=-U_g i_q \end{cases} \quad (3.120)$$

采用电网电压定向时，变流器输出的有功功率和无功功率可以解耦，分别通过输出电流的 d、q 轴分量进行调节。

实际上，直流电容电压与有功功率密切相关，通过控制 i_d 可实现对电容电压的控制，通过控制 i_q 则可控制交流侧的无功功率，即控制交流侧的功率因数。

根据对变流器数学模型的分析，得到图 3.59 所示的变流器控制原理图。

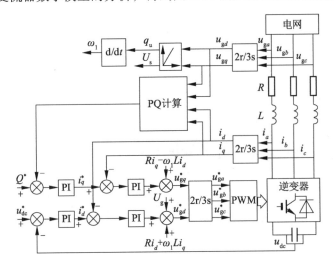

图 3.59 变流器控制框图

在电压跌落期间，控制器外环被闭锁，电流内环的控制框图如图 3.60 所示。图 3.60 中，$G_i(s)=k_P+k_I/s$ 为 PI 调节器的传递函数；一阶惯性环节 $K_{inv}/(1+sT_p)$ 为变流器传递函数，其中 K_{inv} 为变流器等效增益，T_p 为滞后时间常数；$1/(R+sL)$ 为交流侧滤波器的传递函数。

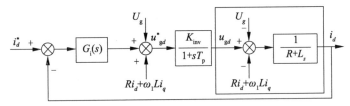

(a) 电流内环 d 轴控制框图

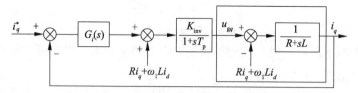

(b) 电流内环 q 轴控制框图

图 3.60　变流器电流内环控制框图

时间常数 T_p 很小，一般可以忽略不计，且 $K_{inv}=1$。因此，以 d 轴为例可得到简化的控制框图如图 3.61 所示。

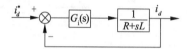

图 3.61　d 轴简化控制框图

由图 3.61 可得电流内环 d 轴闭环传递函数为

$$G_{c1}(s)=\frac{i_d}{i_d^*}=\frac{G_i(s)}{G_i(s)+R+sL} \tag{3.121}$$

为了获得较快的电流跟随性能，通常按照典型 I 型系统设计电流内环，即

$$G_{c1}(s)=\frac{1}{1+\dfrac{s}{\omega_c}} \tag{3.122}$$

式中：$\omega_c=2\pi f_c$，f_c 为截止频率。

一般要保证截止频率在等效开关频率的 1/10 之内。选取截止频率 $\omega_c=10\omega_1$，使得 f_c 等于等效开关频率的 1/20，从而得到转子电流内环控制器参数为

$$\begin{cases} k_P=\omega_c L \\ k_I=\omega_c R \end{cases} \tag{3.123}$$

目前变流器的控制策略一般采用双环控制，电压和电流双环控制的原理如下：首先给定一个参考电压，然后将此电压与变流器的输出电压相减后得到的误差电压经过 PI 调节之后的输出作为电感电流的指令，电流误差信号经过比例调节之后与三角波比较产生控制信号。这种方法是目前应用最为普遍的控制方法之一，可以得到如图 3.62 所示的电压电流双环控制系统图，解得其闭环传递函数如下：

$$I_g=[U_i^*(s)-U_i(s)]\left(K_{vp}+\frac{K_{vi}}{s}\right) \tag{3.124}$$

$$K_{ip}G \times （I_g - I_L） - U_i = I_L（sL_f + r） \tag{3.125}$$

$$U_i = （I_L - I_o） / sC_f \tag{3.126}$$

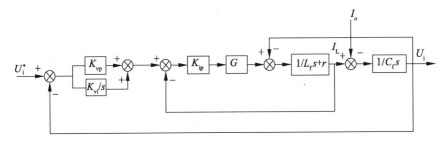

图 3.62　电压电流双环控制系统结构图

以 U_i 为输出，消去过程量 I_g 和 I_L，有

$$U_i = \frac{K_{ip}（K_{vp}s + K_{vi}）}{D（s）} U_i^*（s） - \frac{（L_f s + r + K_{ip}G）s}{D（s）} I_o（s）$$

$$= G（s）U_i^*（s） - Z（s）I（s） \tag{3.127}$$

$$D（s） = LCs^3 + （r + K_{ip}G）Cs^2 + （1 + K_{ip}GK_{vp}） + K_{ip}GK_{vi} \tag{3.128}$$

　　为了使此类三阶系统得到满足要求的动态性能和稳态性能，目前大多数的解决方法是：将该 3 阶方程中的其中两个极点设置为一对共轭极点，而将另外一个极点设置在距离虚轴非常远的地方。假设该三阶双环控制系统的希望闭环主导极点为 $s_{1,2} = -\zeta\omega_n + j\omega_n\sqrt{1 - \zeta^2}$，其中 ζ 和 ω_n 分别为期望的阻尼比和自然振荡频率，闭环非主导极点，可以选取 $s_3 = -n\zeta\omega_n$，式中 n 是正常数，n 的取值越大，则由 s_1、s_2、s_3 三个极点确定的三阶系统响应特性就越接近由闭环主导极点决定的二阶系统，一般 n 取 5~10，则双环控制系统的希望特征方程为

$$D（s） = （s^2 + 2\zeta\omega_n s + \omega_n^2）（s + n\zeta\omega_n）$$

$$= s^3 + （2 + n）\zeta\omega_n s^2 + （2n\zeta^2 + 1） + n\zeta\omega_n^3 \tag{3.129}$$

　　设变流器的空载和带线性负载 Z_L 时的输出电压分布为 U_0 和 U_1，变流器带负载时的输出电流为 I_1，定义变流器等效输出阻抗为 $Z = R + jX$，则有下式成立：

$$U_1（s） = I_1（s）Z（s） \tag{3.130}$$

$$U_1（s） = U_0（s） - I_0（s）Z（s） \tag{3.131}$$

　　联立式（3.130）和式（3.131）可以得出如图 3.63 所示变流器接口电源的等值模型电路图。其中，U_0 为变流器的等效电势源。

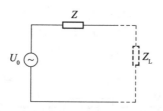

图 3.63　电压电流双环控制系统结构图

在频域中 U_0 的计算公式为

$$U_0(s) = \frac{K_{ip}G(K_{vp}s + K_{vi})}{LCs^3 + (r + K_{ip}G)Cs^3 + (1 + K_{ip}GK_{vp})s + K_{ip}GK_{vi}} V_i^*(s) \qquad (3.132)$$

Z 为变流器的等效输出阻抗，在频域中 $Z(s)$ 的计算公式为

$$Z(s) = \frac{(L_fs + r + K_{ip}G)s}{LCs^3 + (r + K_{ip}G)Cs^3 + (1 + K_{ip}GK_{vp})s + K_{ip}GK_{vi}} \qquad (3.133)$$

由于变流器采用高频开关，其开关频率一般在几千赫兹，相较于传统电力系统 50 Hz 的频率，其变化速率太快。因此，通常直驱风电机组相较于传统同步发电机时间常数更小，其暂态输出几乎没有过渡过程，故障后可近似认为直接进入故障稳态。如果不采用限流措施，其故障稳态输出电流将达到额定电流的 3 倍，某些情况下甚至会达到 5 倍以上，进而造成变流器的损坏。当存在限流措施时，其故障稳态输出电流不会超过额定电流的 1.5 倍。

直驱风电机组变流器控制系统中所采用的限流措施包括控制环节限流和硬件限流，控制环节限流如前所述，在控制量的解算环节中对电流的参考值进行限制（通常在比例积分环中加入极限值限制），使电流达到极限时能够减小控制变量（如调制比），从而达到输出电流幅值限制的目的。硬件限流采用专门的电路，当流过功率开关器件的电流超过某一设定值时即闭锁该器件的触发脉冲，达到限制流过半导体功率器件电流的目的。一般的电力电子装置产品都同时采用几种限流措施。硬件限流措施主要用于限制故障瞬间的暂态冲击电流，当硬件限流电路工作时，将闭锁某些触发脉冲，这也使变流器的输出产生非对称的波形和畸变，严重时将完全闭锁触发脉冲使逆变器退出运行。控制环节限流措施用于限制故障稳态电流或过载过流，由于过流状态下半导体功率器件温度不断升高，危害功率器件的安全，因此过流状态不能持续较长的时间，而应该通过保护措施使变流器接口电源出口开关跳开以防止电源损坏。硬件限流主要针对故障发生瞬间的尖峰电流，即通过闭锁开关器件使尖峰电流得到抑制。

3.5.2　直驱风电机组故障暂态机理

假设电压跌落前有功电流指令为 i_{d0}^*，根据电压跌落程度可得电压跌落后无

功电流指令 i_{d1}^*，此时变流器输出的 d 轴故障分量电流为

$$\Delta i_{df}(s) = G_{c1}(s)\left(i_{d1}^*(s) - i_{d0}^*(s)\right) = \left(i_{d1}^* - i_{d0}^*\right)\left(\frac{1}{s} - \frac{1}{s + \omega_c}\right) \quad (3.134)$$

式中：Δ 表示故障分量。

作拉氏变换，可得

$$\Delta i_{df}(s) = \left(i_{d1}^* - i_{d0}^*\right)\left(1 - e^{-\omega_c t}\right) \quad (3.135)$$

由于截止频率 $\omega_c = 10\omega_1$，衰减时间常数 $\tau = 1/\omega_c \approx 0.32$ ms，即 $\Delta i_{df}(t)$ 的暂态过程持续时间在 1 ms 左右，可忽略不计。因此可认为

$$\Delta i_{df}(t) \approx i_{d1}^* - i_{d0}^* \quad (3.136)$$

同理可得，q 轴故障分量电流为

$$\Delta i_{qf}(t) \approx i_{q1}^* - i_{q0}^* \quad (3.137)$$

式中：i_{q0}^* 为电压跌落前的无功电流指令，一般为 0；i_{q1}^* 为电压跌落后的无功电流指令。

由于电压跌落前变流器处于稳态工作状态，且以单位功率因数状态运行，并有

$$\begin{cases} i_{d0}(t) = i_{d0}^* \\ i_{q0}(t) = 0 \end{cases} \quad (3.138)$$

则电压跌落前变流器输出的三相电流为

$$\begin{cases} i_{sa0}(t) = i_{d0}^* \cos(\omega_1 t + \theta_i) \\ i_{sb0}(t) = i_{d0}^* \cos\left(\omega_1 t + \theta_i - \frac{2\pi}{3}\right) \\ i_{sc0}(t) = i_{d0}^* \cos\left(\omega_1 t + \theta_i + \frac{2\pi}{3}\right) \end{cases} \quad (3.139)$$

式中：θ_i 为 A 相电流初相位。

电压跌落后变流器输出的故障电流的 d 轴、q 轴分量则为

$$\begin{cases} i_{d1}(t) = i_{d0}(t) + \Delta i_{df}(t) = i_{d1}^* \\ i_{q1}(t) = i_{q0}(t) + \Delta i_{qf}(t) = i_{q1}^* \end{cases} \quad (3.140)$$

从而可得到变流器输出的三相故障电流为

$$\begin{cases} i_{sa1}(t) = \sqrt{\left(i_{d1}^*\right)^2 + \left(i_{q1}^*\right)^2}\cos(\omega_1 t + \theta_i + \varphi) \\ i_{sb1}(t) = \sqrt{\left(i_{d1}^*\right)^2 + \left(i_{q1}^*\right)^2}\cos\left(\omega_1 t + \theta_i - \frac{2\pi}{3} + \varphi\right) \\ i_{sc1}(t) = \sqrt{\left(i_{d1}^*\right)^2 + \left(i_{q1}^*\right)^2}\cos\left(\omega_1 t + \theta_i + \frac{2\pi}{3} + \varphi\right) \end{cases} \quad (3.141)$$

式中：$\varphi = \arctan\ (i_{q1}^{*}/i_{d1}^{*})$。

变流器接口电源的故障电流特性与传统同步发电机相比存在很大不同。由于采用变流器接口，惯性时间常数很小，从而可忽略变流器输出故障电流中的暂态分量，即可近似认为电网故障情况下变流器交流侧输出电流中不含衰减直流分量和基频自由分量，变流器直接进入故障稳态运行。

对比可知，电压跌落后，变流器接口电源输出的电流不仅在幅值上发生了变化，在相位上也发生了变化，其具体变化幅度与故障前变流器运行状态和电网电压跌落幅度有关。

分布式电源中光伏电源的故障暂态特性与直驱风力发电的故障暂态特性类似，均为全功率变流器并网下的故障短路特征，故不再赘述。

第 4 章　基于负序电流信号的主动配电系统断线故障保护新方法设计

日益增长的用电需求伴随着能源的巨大消耗，为解决由此带来的资源短缺、环境恶化等问题，可再生能源的开发与利用成为当前一大研究热点。可再生能源一般以分布式电源（DG）的形式接入配电网。为提高电力系统的经济性、可靠性、稳定性，以及应对 DG 大规模接入带来的一系列问题，国际大电网会议提出了主动配电网（ADN）的概念。主动配电系统通过使用灵活的网络拓扑结构来管理潮流，能够对 DG 主动地控制和管理。因此，主动配电系统成为配电网必然的发展趋势。

由于配电网结构庞大、线路走向复杂，加之受雷击、外力、电气等多种因素的影响，断线故障发生率逐年上升，造成电源侧和负荷侧电压和电流严重不对称、电机缺相运行、损害电气设备、威胁人身安全等严重情况。然而，分布式电源的接入改变了原有的网络拓扑结构及潮流方向，导致主动配电系统断线故障特征与传统配电网相比差异较大，为断线故障保护带来了较大的挑战。

目前，短路故障保护方法及应对措施已较为成熟，而配电网断线故障的相关研究还略显不足。对于传统配电网，已形成不少断线故障保护方法。有学者利用正序电流模极大值实现断线故障的选线和定位，但未考虑与短路故障的差异性及实际噪声对信号处理的影响；该学者提出了一种基于电流与电压的组合选线判据，但其仅适用于小电流接地系统。有研究员基于非故障相电流的相位差实现选线，但同样未考虑零序电流的影响；该研究员分析了不接地系统单相断线接地电压变化特征，但未考虑系统不对称度的影响。还有人提出一种基于电压波形相关的高压架空线断线保护方法，但其在配网中的适用性还有待研究；他通过智能算法以实现断线故障检测与定位，但数据处理量较大；利用故障线路电源侧与负荷侧零序电压幅值差以进行区段定位，但对通信和同步要求高。有学者提出了一种基于正、负序电流变化比的单相断线选线判据，适用于各种中性点接地方式，但未考虑系统阻抗的影响。

对于主动配电网，断线故障相关研究较少，虽然有学者提出了一种基于功率方向的断线故障区段定位方式，但该方法的实现需要结合线路首、末端电气量，数据处理量较大，且方法的有效性及定位精度受硬件设备分布情况的直接影响。现有断线故障保护方法大多仅适用于小电流接地的传统配电网，未计及小电阻接地方式、分布式电源及网络拓扑变化的影响，且受系统参数、故障位置影响较大，准确度有限。

本章以主动配电系统为研究对象，提出了一种基于负序电流的断线故障保护方法。首先，构建了断线故障下 DG 等值模型；其次，解析了 DG 上、下游发生单相断线故障时故障馈线与非故障馈线序电流以及主动配电系统中性点电压的变化特征；在此基础上，分别利用中性点电压和负序电流构造了启动判据和动作判据，提出了主动配电系统断线故障保护方法；最后，通过仿真验证了保护方法的准确性。仿真结果表明，该方法解决了断线故障负序电流保护整定困难的问题，且不受负荷分布、故障位置变化影响，具有较高的可靠性和广泛的适用性。

4.1　主动配电系统断线故障下 DG 等值模型

与传统配电网相比，主动配电系统在组成上的最大区别在于 DG 的大量接入。由于 DG 种类繁多，根据并网方式的不同，可分为异步机接口电源和逆变器接口电源。对于异步机接口电源，如双馈风电机组，其定子绕组与电网直接相连；对于逆变器接口电源，如光伏、微型汽轮机、直驱风电等，输出为直流或非工频交流，需通过电力电子装置实现并网，具有分布广、容量小、输出波动且随机的特点。

DG 并网运行时，通常采用 PQ 控制策略。正常运行下，其输出有功、无功均能迅速追踪指令值；断线故障下，由于三相不对称，系统出现负序分量，为了避免负序分量对 DG 稳定性、动态性能及电力电子设备安全造成较大的影响，DG 一般都配置了负序抑制控制策略。因此，在主动配电系统断线故障下，DG 的负序电流可近似为 0，仅输出正序电流。由于 DG 输出电流主要取决于功率控制参考值和机端电压，从而可以将主动配电系统断线故障下的 DG 等值为一个受并网点电压控制的正序电流源。其控制方程为

$$\dot{I}_{DG} = f\left(U_{pcc}^+\right) = \frac{P_{ref}}{U_{pcc}^+} \tag{4.1}$$

式中：U_{pcc}^+ 为 DG 并网点正序电压；P_{ref} 为 DG 参考功率。

4.2　小电阻接地主动配电网单相断线故障解析

4.2.1　序电流特征

主动配电系统断线故障简化模型如图 4.1 所示，故障馈线 i 与非故障馈线 j 上均接有 DG。根据故障位置的不同，可将 AND 单相断线故障分为 DG 上游故障

（f_1）和 DG 下游故障（f_2）两种情况。

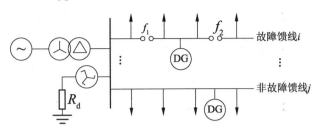

图 4.1　主动配电系统断线故障简化模型

当馈线发生 A 相断线故障时，断口处故障相电流为 0，断口前后非故障相电压连续，由对称分量法可得边界条件为

$$\begin{cases} \dot{I}'_{A1} + \dot{I}'_{A2} + \dot{I}'_{A0} = 0 \\ \Delta \dot{U}'_{A1} = \Delta \dot{U}'_{A2} = \Delta \dot{U}'_{A0} \end{cases} \tag{4.2}$$

式中：$\dot{I}'_{A1}$、$\dot{I}'_{A2}$、$\dot{I}'_{A0}$ 为断口处正、负、零序电流；$\dot{U}'_{A1}$、$\dot{U}'_{A2}$、$\dot{U}'_{A0}$ 为断口两端正、负、零序电压差。

当馈线 i 的 DG 上游 f_1 点发生单相断线故障时，由式（4.1）和式（4.2），建立复合序网如图 4.2a 所示。其中，$\dot{E}$ 为主动配电系统主变感应电动势 $\dot{I}_{DGi}$ 为故障馈线 i 所接 DG 输出电流；$\dot{I}_{DGj}$ 为非故障馈线 j 所接 DG 输出电流；$i'^{(f_1)}_{i1}$、$i'^{(f_1)}_{i2}$、$i'^{(f_1)}_{i0}$ 为故障馈线 DG 并网点电压；$\dot{I}^{(f_1)}_{i1}$、$\dot{I}^{(f_1)}_{i2}$、$\dot{I}^{(f_1)}_{i0}$ 为故障馈线 i 出口处正、负、零序电流；$\dot{I}_{j1}$、$\dot{I}_{j2}$、$\dot{I}_{j0}$ 为非故障馈线 j 出口处正、负、零序电流；Z_{s1}、Z_{s2} 为系统正、负序等效阻抗；Z_{j1}、Z_{j2} 为非故障馈线 j 正、负序负荷阻抗；Z_{iM1}、Z_{iM2} 为故障馈线 i 断点上游正、负序负荷阻抗；Z_{iN1}、Z_{iN2} 为故障馈线 i 断点下游正、负序负荷阻抗；R_d 为主动配电系统中性点接地电阻；C_j 为非故障馈线 j 对地电容；C_{iM} 为故障馈线 i 断点上游对地电容；C_{iN} 为故障馈线 i 断点下游对地电容。

图 4.2b 为复合序网的简化等效电路。其中，Z_2、Z_0 分别为负、零序网络的等效阻抗，表达式为

$$Z_2 = \frac{1}{1/Z_{s2} + 1/Z_{j2} + 1/Z_{iM2}} + Z_{iN2} \tag{4.3}$$

$$Z_0 = \frac{1}{1/(3R_d) + j\omega C_{j0} + j\omega C_{iM}} + \frac{1}{j\omega C_{iN}} \tag{4.4}$$

根据图 4.2b 所示等效电路，故障馈线 i 出口处序电流可写为

$$\begin{cases} \dot{I}_{i1}^{(f_1)} = \dfrac{Z_2 Z_0}{Z_2 + Z_0}(\dot{E}_A - \dot{U}_{pcci}) + \dfrac{\dot{E}_A}{Z_{iM1}} \\[4mm] \dot{I}_{i2}^{(f_1)} = -\dfrac{Z_{iM2}}{Z_{s2} Z_{j2}/(Z_{s2}+Z_{j2}) + Z_{iM2}} \cdot \dfrac{\dot{E}_A - \dot{U}_{pcci}}{Z_2} \\[4mm] \dot{I}_{i0}^{(f_1)} = -\dfrac{1/(j\omega C_{iM})}{3R_d/(3j\omega C_j R_d + 1) + 1/(j\omega C_{iM})} \cdot \dfrac{\dot{E}_A - \dot{U}_{pcci}}{Z_0} \end{cases} \tag{4.5}$$

故障馈线 DG 并网点正序电压 $\dot{U}_{pcci}$ 满足

$$\left(\frac{Z_2 + Z_0}{Z_2 Z_0} + \frac{1}{Z_{iN1}}\right)\dot{U}_{pcci}^2 - \frac{Z_2 + Z_0}{Z_2 Z_0}\dot{E}_A \dot{U}_{pcci} - P_{i,\,\mathrm{ref}} = 0 \tag{4.6}$$

式中：$P_{i,\,\mathrm{ref}}$ 为故障馈线 DG 参考功率。

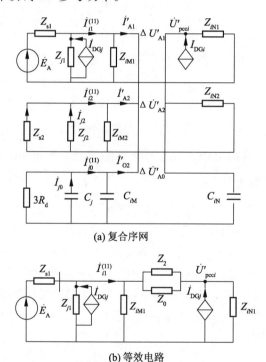

(a) 复合序网

(b) 等效电路

图 4.2　DG 上游单相断线故障复合序网

当单相断线故障发生在馈线 i 的 DG 下游 f_2 点时，同样可建立故障复合序网（图 4.3）。此时，故障馈线 i 出口处序电流可写为

$$\begin{cases} \dot{I}_{i1}^{(f_2)} = \dfrac{(Z_2+Z_0)\dot{E}_A}{Z_2Z_0+Z_{iN1}(Z_2+Z_0)} + \dfrac{\dot{E}_A}{Z_{iM1}} - \dfrac{P_{i,\mathrm{ref}}}{\dot{E}_A} \\[3mm] \dot{I}_{i2}^{(f_2)} = -\dfrac{Z_{iM2}}{Z_{s2}Z_{j2}/(Z_{s2}+Z_{j2})+Z_{iM2}} \cdot \dfrac{Z_0\dot{E}_A}{Z_2Z_0+Z_{iN1}(Z_2+Z_0)} \\[3mm] \dot{I}_{i0}^{(f_2)} = -\dfrac{1}{3\mathrm{j}\omega C_{iM}R_d/(3\mathrm{j}\omega C_jR_d+1)+1} \cdot \dfrac{Z_0\dot{E}_A}{Z_2Z_0+Z_{iN1}(Z_2+Z_0)} \end{cases} \quad (4.7)$$

而对于非故障馈线 j，无论断线故障发生于 DG 上游或下游，其出口处序电流均为

$$\begin{cases} \dot{I}_{j1} = \dfrac{\dot{E}_A}{Z_{j1}} - \dfrac{P_{j,\mathrm{ref}}}{\dot{E}_A} \\[3mm] \dot{I}_{j2} = -\dfrac{Z_{s2}}{Z_{s2}+Z_{j2}}\dot{I}_{i2}^{(f_{1,2})} \\[3mm] \dot{I}_{j0} = -\dfrac{3R_d}{3R_d+1/(\mathrm{j}\omega C_j)}\dot{I}_{i0}^{(f_{1,2})} \end{cases} \quad (4.8)$$

式中：上标 $f_{1,2}$ 分别表示 DG 上游故障和 DG 下游故障；$P_{j,\mathrm{ref}}$ 为非故障馈线 DG 参考功率。

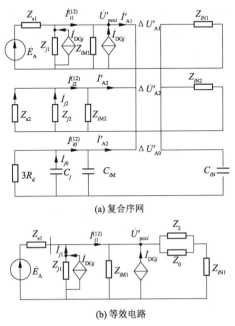

(a) 复合序网

(b) 等效电路

图 4.3　DG 下游单相断线故障复合序网

结合式（4.3）至式（4.8）可以看出，主动配电系统单相断线故障将导致故障馈线正序电流减小，负、零序电流增加，并且不同故障位置下的序电流特征具有较大差异。当 DG 上游发生单相断线故障时，故障线路出口处各序电流主要受 DG 并网点电压、负荷大小及分布影响，DG 并网点电压降低，输出电流存在较大的变化；当 DG 下游发生单相断线故障时，故障线路出口处各序电流主要受负荷大小及分布影响，DG 并网点电压基本不变。由于负荷阻抗远大于系统等效阻抗，忽略系统正序阻抗的影响，非故障馈线正序电流不变，负、零序电流受故障馈线序电流的影响。因此，主动配电系统单相断线故障下的序电流大小随着故障位置的变化而呈现随机性。

4.2.2　中性点电压特征

相较于正常运行状态，主动配电系统单相断线故障将导致对地电容不对称，使得中性点电压发生显著偏移。

当馈线 i 在 DG 上游且距母线 d 处发生单相断线故障时（图 4.4），根据基尔霍夫定律，流经中性点电流满足

$$\dot{I}_A + \dot{I}_B + \dot{I}_C + \dot{I}_R = 0 \tag{4.9}$$

其中，

$$\begin{cases} \dot{I}_A^{(f_1)} = j\omega\left(xC_i + \sum_n C_m\right)(\dot{E}_A + \dot{U}_0) + \sum_n \dot{I}_{mAL} - \dot{I}_{DGj,\,A} \\[2mm] \dot{I}_B^{(f_1)} = j\omega\sum_{m=1}^n C_m(\dot{E}_B + \dot{U}_0) + \sum_{m=1}^n \dot{I}_{mBL} - \dot{I}_{DGi,\,B} - \dot{I}_{DGj,\,B} \\[2mm] \dot{I}_C^{(f_1)} = j\omega\sum_{m=1}^n C_m(\dot{E}_C + \dot{U}_0) + \sum_{m=1}^n \dot{I}_{mCL} - \dot{I}_{DGi,\,C} - \dot{I}_{DGj,\,C} \\[2mm] \dot{I}_R = \dfrac{\dot{U}_0}{R_d} \end{cases} \tag{4.10}$$

式中：$\dot{I}_A$、$\dot{I}_B$、$\dot{I}_C$ 为上一级电网流入母线的三相电流；$\dot{I}_R$ 为流入中性点接地电阻电流；$\dot{I}_{DGi,A}$、$\dot{I}_{DGi,B}$、$\dot{I}_{DGi,C}$ 为故障馈线 DG 输出三相电流；$\dot{I}_{DGj,A}$、$\dot{I}_{DGj,B}$、$\dot{I}_{DGj,C}$ 为非故障馈线 DG 输出三相电流；$\dot{I}_{mAL}$、$\dot{I}_{mBL}$、$\dot{I}_{mCL}$ 为第 m 条馈线三相负荷电流，其中 $m = 1, 2, \cdots, i, \cdots, j, \cdots, n$（$n$ 为馈线总数）；C_m 为第 m 条馈线对地电容；C_i 为故障馈线 i 对地电容。

将式（4.10）代入式（4.9）求解可得，DG 上游单相断线故障后小电阻接地主动配电系统中性点电压为

$$\dot{U}_0^{(f_1)} = \frac{3\mathrm{j}\omega(1-x)\,C_i R_\mathrm{d}(\dot{E}_\mathrm{A} - Z_{i\mathrm{L}}\dot{I}_\mathrm{DG})}{2 + 2\mathrm{j}\omega C_\Sigma R_\mathrm{d} + 3Z_{i\mathrm{L}}\mathrm{j}\omega(1-x)\,C_i} \tag{4.11}$$

式中：C_Σ 为系统总对地电容。

由式（4.11）可求得中性点电压幅值为

$$|\dot{U}_0|^{(f_1)} = \frac{3R_\mathrm{d}\omega C_i(1-x)}{2}|\dot{E}_\mathrm{A} - Z_{i\mathrm{L}}\dot{I}_\mathrm{DG}| \tag{4.12}$$

式中：$Z_{i\mathrm{L}}$ 为故障馈线 i 的负荷阻抗；$x = d/L_i$ 为故障点距母线的距离占故障馈线总长度 L_i 的比例，x 反映了故障馈线的电容缺失程度，与故障位置有关。

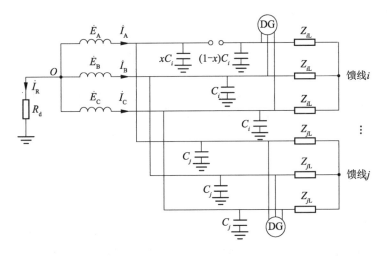

图 4.4　DG 上游单相断线故障示意图

同样地，当馈线 i 在 DG 下游且距母线 d 处发生单相断线故障时（图 4.5），流经中性点电流满足式（4.9），且有

$$\begin{cases} \dot{I}_\mathrm{A}^{(f_2)} = \mathrm{j}\omega\Big(xC_i + \sum_n C_m\Big)(\dot{E}_\mathrm{A} + \dot{U}_0) + \sum_n \dot{I}_{m\mathrm{AL}} - \dot{I}_{\mathrm{DG}i,\,\mathrm{A}} - \dot{I}_{\mathrm{DG}j,\,\mathrm{A}} \\[2mm] \dot{I}_\mathrm{B}^{(f_2)} = \mathrm{j}\omega\sum_{m=1}^{n} C_m(\dot{E}_\mathrm{B} + \dot{U}_0) + \sum_{m=1}^{n} \dot{I}_{m\mathrm{BL}} - \dot{I}_{\mathrm{DG}i,\,\mathrm{B}} - \dot{I}_{\mathrm{DG}j,\,\mathrm{B}} \\[2mm] \dot{I}_\mathrm{C}^{(f_2)} = \mathrm{j}\omega\sum_{m=1}^{n} C_m(\dot{E}_\mathrm{C} + \dot{U}_0) + \sum_{m=1}^{n} \dot{I}_{m\mathrm{CL}} - \dot{I}_{\mathrm{DG}i,\,\mathrm{C}} - \dot{I}_{\mathrm{DG}j,\,\mathrm{C}} \\[2mm] \dot{I}_\mathrm{R} = \dfrac{\dot{U}_0}{R_\mathrm{d}} \end{cases} \tag{4.13}$$

将式（4.13）代入式（4.9）求解可得，DG 下游单相断线故障后小电阻接地主动配电系统中性点电压为

$$\dot{U}_0^{(f_2)} = \frac{3j\omega(1-x)\,C_i R_d}{2 + 2j\omega C_{\sum} R_d + 3Z_{iL}j\omega(1-x)\,C_i}\dot{E}_A \tag{4.14}$$

由式（4.14）可求得中性点电压幅值为

$$\left|\dot{U}_0\right|^{(f_2)} = \frac{3R_d\omega C_i(1-x)}{2}\left|\dot{E}_A\right| \tag{4.15}$$

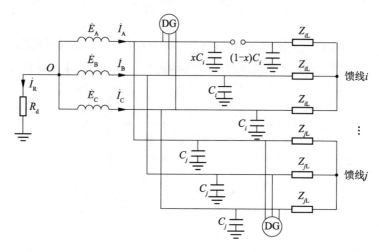

图 4.5　DG 上游单相断线故障示意图

结合式（4.12）和式（4.15）可以看出，在不同故障位置下，三相电容不对称度存在差异，中性点电压的偏移程度也不同。当单相断线故障发生在 DG 上游时，中性点电压幅值除了与系统参数有关，还受故障馈线所接 DG 影响，且体现为 DG 抑制中性点电压偏移。当单相断线故障发生在 DG 下游时，中性点电压不受 DG 影响，与传统配电网情况一致。

4.3　小电阻接地主动配电网单相断线故障保护方法

4.3.1　保护特征量

由式（4.5）至式（4.8）可知，故障馈线负序电流大小取决于断线故障位置以及对应的负荷大小和 DG 容量。由于 ADN 系统等效负序阻抗远远小于线路负荷负序阻抗，因此故障馈线负序电流显著大于非故障馈线负序电流。由此，根据系统参数可确定各馈线负序电流最小值。

当馈线 i 于 DG 上游发生单相断线故障时，可计算出其出口处负序电流最小值为

$$I_{i2}^{(f_1)} = \left| \frac{[\dot{E}_A - (\dot{U}_{pcci})_{max}]}{\left[\frac{Z_{s2}}{Z_{i\Sigma}} \left(1 - \frac{Z_{i\Sigma}}{(Z_{iN2})_{max}} \right) + 1 \right] \cdot [Z_{s2} + (Z_{iN2})_{max}]} \right| \quad (4.16)$$

式中：$Z_{i\Sigma}$ 为馈线 i 总负荷阻抗大小；$(Z_{iN2})_{max}$ 为馈线 i 单相断线故障点下游负序负荷阻抗的最大值；$(\dot{U}_{pcci})_{max}$ 为馈线 i 所接 DG 并网点电压的最大值。

根据式（4.6）可得，DG 上游单相断线故障时故障馈线 DG 并网点电压的最大值为

$$(\dot{U}_{pcci})_{max} = \frac{\dot{E}_A + \sqrt{(\dot{E}_A)^2 + 8P_{i,ref}(Z_{iN2})_{max}}}{4} \quad (4.17)$$

当馈线 i 于 DG 下游发生单相断线故障时，可计算出其出口处负序电流最小值为

$$I_{i2}^{(f_2)} = \left| \frac{\dot{E}_A}{\left[\frac{Z_{s2}}{Z_{i\Sigma}} \left(1 - \frac{Z_{i\Sigma}}{(Z_{iN2})_{max}} \right) + 1 \right] \cdot \left[Z_{s2} + 2(Z_{iN2})_{max} + \frac{(Z_{iN2})_{max}^2}{Z_0} \right]} \right|$$

$$\quad (4.18)$$

其中，断线故障后的系统零序阻抗可按下式计算：

$$Z_0 = \frac{3R_d}{3j\omega(C_\Sigma - C_i)R_d + 1} + \frac{1}{j\omega C_i} \quad (4.19)$$

由此，可确定馈线 i 单相断线故障负序电流最小值 $I_{2,min}$ 为

$$I_{2,min} = \min\{I_{i2}^{(f_1)}, I_{i2}^{(f_2)}\} \quad (4.20)$$

由式（4.12）和式（4.15）可知，单相断线后主动配电系统中性点对地电压主要受 x 值和 DG 的影响，其变化存在着最大值。由于 DG 对中性点电压起抑制作用，因此可确定小电阻接地主动配电系统中性点电压最大值 $(U_O)_{max}$ 为

$$(U_O)_{max} = \frac{3R_d\omega C_{max}}{2} |\dot{E}_A| \quad (4.21)$$

式中：C_{max} 为所有馈线中对地电容的最大值。

因此，选择中性点电压和负序电流作为主动配电系统单相断线故障保护特征量，能够准确反映系统单相断线故障的发生并区分故障馈线与非故障馈线。

4.3.2　基于负序电流信号的主动配电系统断线新保护原理设计

本章提出了一种基于负序电流的小电阻接地主动配电网单相断线故障保护方法。由于单相断线故障前后，中性点电压大小变化显著，且故障馈线负序电流突

增，故障特征易于辨别，因此以中性点电压作为启动判据量、以负序电流作为动作判据量。基于负序电流的主动配电网单相断线故障保护方法具体如下：

$$\begin{cases} K_{\mathrm{rel}} U_{\mathrm{unb}} < U_O < K_{\mathrm{rel}} \ (U_O)_{\max} \\ I_{i2} > I_{i2\mathrm{ZD}} \end{cases} \tag{4.22}$$

式中：K_{rel} 为可靠系数，一般取 1.1~1.2；U_{unb} 为主动配电系统正常运行时的中性点不平衡电压。

$$U_{\mathrm{unb}} = \left| \left(C_{A\sum} + \alpha^2 C_{B\sum} + \alpha C_{C\sum} / C_{\sum} + \frac{1}{\mathrm{j}\omega R_{\mathrm{d}}} \right) \dot{E}_A \right| \tag{4.23}$$

式中：$C_{A\sum}$、$C_{B\sum}$、$C_{C\sum}$ 分别为系统各相对地电容和；$\alpha = \mathrm{e}^{\mathrm{j}120°}$。

$I_{i2\mathrm{ZD}}$ 为第 i 条馈线的保护动作门槛值，各馈线所对应的门槛值不同，整定方法如下：

$$I_{i2\mathrm{ZD}} = K_{\mathrm{rel}} \cdot \{I_{i2,\min}\}, \ i = 1, 2, \cdots, n \tag{4.24}$$

根据式（4.22），基于负序电流的主动配电网单相断线故障保护方法如图4.6 所示，包括启动元件、动作元件、信号元件三部分。具体保护逻辑为：当中性点电压满足大于正常运行时的不平衡电压且小于系统单相断线故障的最大电压时，启动元件动作；当某条馈线出口处负序电流满足 $I_{i2} > I_{i2\mathrm{ZD}}$ 时，动作元件动作，判定该馈线发生单相断线故障；判定故障后，信号元件动作，发出告警或跳闸信号。

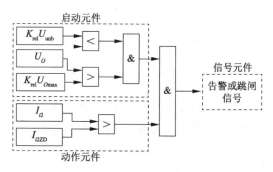

图 4.6　保护逻辑图

4.4　基于负序电流信号的主动配电系统断线故障保护方法测试

基于测试平台，对提出的一种基于负序电流的主动配电系统断线故障保护方法进行测试验证。

　　利用测试平台搭建图 4.7 所示的 10 kV 典型结构主动配电网模型，验证所提方法的正确性。配电网共设有 6 条馈线，中性点接地小电阻 R_d 为 10 Ω，馈线参数见表 4.1，负荷及 DG 接入位置见表 4.2。

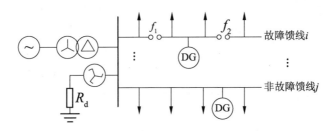

图 4.7　测试对象

表 4.1　馈线参数

馈线编号	馈线长度/km	对地电容/（μF/km）		
		A 相	B 相	C 相
1	10	0.28	0.28	0.28
2	5	0.29	0.29	0.29
3	9	0.25	0.27	0.26
4	7	0.32	0.31	0.33
5	8	0.27	0.29	0.28
6	9	0.30	0.30	0.30

表 4.2　负荷及 DG 接入位置

馈线编号	负荷大小/MW	接入位置/km	馈线编号	DG 容量/MW	接入位置/km
1	20	10	1	1.5	5
2	5, 5	2, 5	2		
3	12	9	3	1	6
4	8, 8	5, 7	4		
5	15	8	5	0.5	3
6	3, 6, 2	2, 6, 9	6		

　　结合表中参数，计算启动判据特征量。根据所提保护原理可计算得该 10 kV 主动配电网正常运行下的不平衡电压 U_{unb} 为 5 V；单相断线故障下中性点最大电压 $(U_O)_{max}$ 为 103 V。取可靠系数 K_{rel} 为 1.1，则启动判据为 5.5 V $<U_O<$ 113.3 V。

首先，设馈线1分别在不同故障位置（1~9 km 处）发生单相断线故障。ADN 中性点电压变化情况如图 4.8 所示。由图 4.8 可知，当 DG 上游故障（故障位置 1~4 km）和 DG 下游故障时（故障位置 5~9 km），随着故障位置的增加，x 值增大，中性点电压减小，曲线呈现下降趋势。然而，特别地，在两种故障情况的分界点 5 km 处，其中性点电压大于 4 km 处的中性点电压。出现该现象的原因主要是影响中性点电压的另一个因素，即 DG。在相同的 x 值下，DG 上游断线故障中性点电压小于 DG 下游断线故障中性点电压。也就是说，若断点后存在 DG，将对中性点电压偏移起一定的抑制作用。测试结果与理论分析一致。

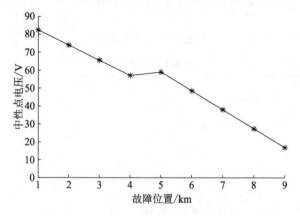

图 4.8　中性点电压随故障位置变化

对比不同故障位置下的中性点电压 U_0（16.8~82.5 V）与启动判据 5.5 V$<U_0$ $<$113.3 V 可知，中性点电压始终位于启动元件动作范围内，保护部分元件能够准确识别断线故障的发生。

其次，结合表 4.2 馈线参数计算出各馈线保护动作门槛值 I_{i2ZD}。对于含 DG 馈线，计算出 DG 上游单相断线故障时的各馈线负序电流最小值 $I_{i2}^{(f_1)}$；计算出 DG 下游单相断线故障时的各馈线负序电流最小值 $I_{i2}^{(f_2)}$；进一步地，取两者中的最小值作为该馈线负序电流最小值 $I_{i2,\min}$。对于不含 DG 馈线，则仅需根据计算出 $I_{i2}^{(f_1)}$，即为该馈线负序电流最小值。由此，确定各馈线保护门槛值。具体计算结果如表 4.3 所示。所提保护动作判据为 $I_{i2}>I_{i2ZD}$。

表 4.3　负序电流整定值计算

馈线编号	$I_{i2}^{(f_1)}$/A	$I_{i2}^{(f_2)}$/A	$I_{i2,\min}$/A	I_{i2ZD}/A
1	416.9	740.7	416.9	458.6
2		188.0	188.0	206.8

续表

馈线编号	$I_{i2}^{(f_1)}/\text{A}$	$I_{i2}^{(f_2)}/\text{A}$	$I_{i2,\min}/\text{A}$	I_{i2ZD}/A
3	262.3	462.3	262.3	288.5
4		289.3	289.3	318.2
5	367.0	565.4	367.0	403.7
6		72.6	72.6	79.9

最后，通过对 ADN 单相断线故障进行仿真模拟，验证所提保护方法的有效性。改变馈线 1 单相断线故障位置，其负序电流大小变化如表 4.4 所示。由表4.4 可知，负序电流主要受 DG 影响，DG 上游故障时负序电流显著小于 DG 下游故障时负序电流，而在上、下游各自区段内故障时负序电流变化很小，与理论分析一致。在不同故障位置下，负序电流均大于动作门槛值 458.6 A。所提保护方法能够可靠动作，保护范围可达全线。

表 4.4　不同故障位置下馈线 1 负序电流

故障位置/km	负序电流/A
1	606.8
2	606.8
3	606.9
4	606.9
5	755.1
6	755.2
7	755.2
8	755.2
9	755.2

当故障位置为 4 km 时，比较所有馈线负序电流大小与保护动作门槛值如表4.5 所示，显然仅有馈线 1 负序电流大于动作门槛值，即馈线 1 动作元件动作，其余馈线动作元件不动作。所提保护能够实现对于故障馈线的准确选择。

表 4.5　各馈线负序电流比较

馈线编号	负序电流/A	动作门槛值/A
1	606.9	458.6
2	9.5	206.8
3	11.0	288.5
4	15.0	318.2
5	13.8	403.7
6	10.4	79.9

改变馈线 1 所接 DG 容量分别为 1 MW、2 MW、3 MW，馈线 1 单相断线故障整定计算及故障负序电流大小（故障位置为 4 km）如表 4.6 所示。

表 4.6　不同 DG 容量下保护特征量

DG 容量/MW	$I_{12}^{(f_1)}$/A	$I_{12}^{(f_2)}$/A	I_{12ZD}/A	I_{12}/A	U_0/V
1	451.2	740.7	496.3	648.6	61
2	385.1	740.7	423.6	569.1	54.3
3	326.2	740.7	358.8	502.0	48.6

由表 4.6 可以看出，中性点电压最大电压不受 DG 容量影响，始终位于启动元件动作范围内。不同 DG 容量下的断线故障动作门槛值有所不同，对于同一馈线，DG 容量越大，负序电流越小，但相应的动作门槛值也越低。馈线 1 负序电流在上述情况下仍满足动作条件，均能实现准确选线。保护动作后，进一步地，由信号元件发出告警或跳闸信号。

综上所述，经过测试可验证所提保护方法适用于各种 DG 容量，不受故障位置、负荷大小及分布影响，具有较高的可靠性和灵敏度。

第 5 章 基于分布式电源电流变化特征的主动配电系统断线故障保护新方法设计

长期以来，受到"重发轻配"思想的影响，配电网的故障保护理论与设备均较为欠缺。而随着国民经济的发展，无论是用电设备还是发电设备的种类和数量都急剧增加，配电网的规模及容量也越来越大，配电网故障的可能性随之增大，对供电可靠性和人身与设备安全的影响不断凸显。

近年来，中压配电网单相短路的研究逐渐增多，不同中性点接线方式下单相短路故障特征和保护方法的研究受到广泛关注。但是，单相断线不接地故障特征不明显，因此目前对其故障特征和保护的研究均较少。然而，单相断线后会导致负荷缺相运行，产生过电压，烧毁旋转电机，尤其若单相断线故障的处置时间过长，则极易引发人畜触电事故。

有学者指出，单相断线故障可以分为单相断线不接地、单相断线后电源侧接地、单相断线后负荷侧接地 3 种，其中单相断线接地后故障特征与单相短路故障类似，可以利用单相短路故障的保护方法进行检测，但不适用于单相断线不接地故障。部分文献针对单相断线不接地故障的保护开展了研究，利用负序电流的特征来检测单相断线，但是负序分量的测量存在较大误差，影响保护效果；利用零序电压的分布特征，基于零序电压幅值差，提出了一种不受断线类型影响的保护方法。有研究员指出，单相断线后故障线路存在很大的正序电流和负序电流的变化量，可用于区分正常线路和故障线路，但是这两种方法均需要较多的检测设备和复杂的通信。

近年来分布式电源（DG）、电动汽车大量应用于配电网，传统的单相辐射状配电网逐步转变为多能源供电的主动配电网。由于 DG 组成、运行原理和控制模式的特殊性，使得电网故障下 DG 的输出特性与同步发电机完全不同。因此，现有的断线故障保护方法在含 DG 的主动配电网中不再适用。DG 大多基于电力电子设备实现功率控制，由于电力电子设备较为脆弱，断线故障造成三相不对称、功率波动及电压升高可能导致 DG 设备故障，含 DG 的配电网断线故障的灵敏保护变得更加重要。但是，目前不仅关于含 DG 的配电网断线故障保护少有研究，甚至配电网断线下 DG 的输出特性也鲜有关注。有学者提出了基于功率方向的含 DG 的配电网断线定位方法，但该方法对采集精度及通信要求有很高的要求。

DG 对于电网电压的波动十分敏感，并且输出电流与端口电压强耦合，因而其输出电流中包含大量的电网故障特征信息。此外，由于断线故障下馈线电压变化有限，因此配电网断线故障对 DG 的冲击有限，DG 基本能够保持并网持续运行。由于主动配电网配备较为完善的测量和通信元件，能够为配电网运行状态的检测提供丰富可靠的信息，主动配电网中 DG 的输出具有较好的可观测性，因此本章提出一种利用 DG 电流识别配电网单相断线故障的新方法。首先，分析配电网单相断线故障下不同类型 DG 的输出特性，并建立 DG 断线故障等值模型；其次，建立含 DG 的配电网单相断线等效电路，推导出配电网断线故障前后 DG 输出电流的表达式；最后，分析断线故障前后 DG 输出电流的变化特征，提出基于 DG 电流变化率的单相断线故障保护方法，并验证断线故障保护方法的有效性。

在多端环网中，由于多个电源的支撑，断线后的三相不对称度较小，负序分量有限，对设备的影响较小，并且由于线路两侧均有电源，断线对供电的影响也较小，因此断线对于多端环网的影响相对较小。考虑到目前配电网主要采用开环的辐射状方式运行，且辐射型拓扑断线对供电可靠性、电能质量及设备安全的影响均较大，本书主要以辐射状的配电网断线为研究目标。

本章首先分析现有断线故障辨识方法的原理、应用条件及存在的问题，确定不同断线辨识原理在各种网架中的适应性。

5.1　断线故障辨识原理

5.1.1　零序电流幅值比较法

零序电流幅值比较法也称幅值法或比幅法，通常利用某相接地故障时流经故障线路的零序电流最大这一特征进行故障选线。在中性点不接地系统中，故障线路首端的零序电流为所有非故障线路的对地电容电流之和，若测得某条线路首端的零序电流在数值上比其余任何线路的都大，则判定该条线路为故障线路；若不存在这样的线路，则判定其为母线故障。

然而，零序电流幅值比较法具有一定的局限性：

（1）电流互感器饱和会引起不平衡电流，从而影响系统的零序电流，改变系统各线路的零序电流测量值，不能如实反映线路上的零序电流，导致误判。

（2）零序电流受线路长度影响，当线路长短差距较大时，若在较短线路上有某相接地，则该条较短线路的零序电流大小和非故障的长线路相差不大，这提高了灵敏度检测的要求。

（3）对于谐振接地系统，单相接地时流过消弧线圈的电感电流会对故障线路的电容电流产生抵消作用，使得故障电流变小，甚至可能小于其他非故障线路的零序电流，所以幅值法将会失效。

（4）当接地点过渡电阻的阻值较大时，中性点偏移电压很小，产生的零序电流也很小，当电流小到一定程度时，线路会受到各种信号的干扰，影响选线结果。

5.1.2　群体比幅比相法

群体比幅比相法的本质是故障线路与非故障线路的零序电流极性相反，因此可采用如下步骤进行选线：

首先找出出线中五次谐波幅值最大的三条线路，然后比较这三条线路中五次谐波的极性，如果有一条线路的电流极性与其余两条线路的电流极性相反，则认为该线路发生单相接地故障；若三条线路的极性相同，则认为母线发生单相接地故障。由于群体比幅比相法比较的是幅值最大的三条出线零序电流的极性，理论上排除了个别出线中零序电流幅值小、极性不准确对选线造成的影响，因此其选线准确率要高于零序电流幅值比较法。

然而，群体比幅比相法也具有一定的局限性：即使是零序电流五次谐波幅值最大的出线，其幅值仍然很小，容易淹没在噪声干扰信号中，故群体比幅比相法的实际应用效果也不理想。

5.1.3　谐波法

由于消弧线圈、变压器等设备的非线性特性，故障电流中会有谐波的存在，其中五次谐波的含量占较高比例。高次谐波电流容性分量的大小与容抗有关，而容抗的大小和频率呈负相关，即对于五次谐波电流，容抗只有基波时的五分之一，因此五次谐波电流的容性分量比基波的大。而感性方向则刚好相反，频率增加，感抗随之增加，所以五次谐波电流感性分量比基波时的要小得多。对于基波，电感电流与电容电流相互抵消，而对于五次谐波，感性分量小到基本不予考虑。故障线路五次谐波零序电流幅值最大，相位上滞后五次谐波零序电压 $90°$，非故障线路情况刚好相反。

对于图 5.1 所示的中性点经消弧线圈接地的配电网，当第 j 条线路发生 A 相接地故障时，非故障线路 i 的五次谐波电流为

$$\begin{cases} I_{Ai} = 0 \\ I_{Bi} = 5j\omega C_i U_{BA(5)} \\ I_{Ci} = 5j\omega C_i U_{CA(5)} \\ I_{0i} = \dfrac{1}{3}(I_{Ai} + I_{Bi} + I_{Ci}) = \dfrac{1}{3}(5j\omega C_i U_{BA(5)} + 5j\omega C_i U_{CA(5)}) \end{cases} \tag{5.1}$$

式中：$i = 1，2，\cdots，n，i \neq j$；$I_{Ai}$、$I_{Bi}$、$I_{Ci}$ 分别是第 i 条健全馈线的 A、B、C 相

电流五次谐波分量；I_{0i} 为第 i 条健全馈线的五次零相序谐波零相序电流。

故障线路 j 的五次谐波电流为

$$
\begin{cases}
I_{Aj} = -5j\omega\ (C_1+C_2+\cdots+C_k)\ U_0+I_L \\
I_{Bj} = -5j\omega C_j U_{BA(5)} \\
I_{Cj} = -5j\omega C_j U_{CA(5)} \\
I_{0j} = (I_{Aj}+I_{Bj}+I_{Cj})/3 = -5j\omega\ (C_1+C_2+\cdots+C_k)\ U_0+I_L-5j\omega C_j U_{CA(5)}\ /3
\end{cases}
\tag{5.2}
$$

式中：$k=1$，2，$\cdots$，n，$k\neq j$；I_{Aj}、I_{Bj}、I_{Cj} 分别是第 j 条健全馈线的 A、B、C 相电流五次谐波分量；I_L 为消弧线圈所产生的感性补偿电流；I_{0j} 为第 j 条健全馈线的五次零相序谐波零相序电流。

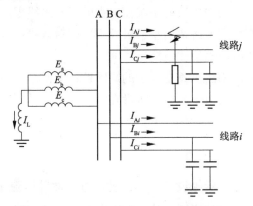

图 5.1　小电流接地系统故障原理图

从各条馈线五次谐波零序电流的幅值上看，故障线路中的五次谐波零序电流大于非故障线路；从相位上来看，故障线路的零序电流滞后零序电压 90°，非故障线路的零序电流超前零序电压 90°。从理论上讲，通过比较各条线路中五次谐波的零序电流幅值和相位即可实现故障选线，所以在中性点经消弧线圈接地的配电网发生单相接地故障时采用五次谐波法进行选线最为直接。

然而，谐波法同样具有一定的局限性：

（1）实际电网中存在谐波源，会对基于谐波的选线结果产生较大影响。

（2）当负荷不平衡时，测量元件的饱和会产生大量的五次谐波，产生干扰，从而造成误判。

（3）五次谐波含量本身较低（不到10%），准确检测五次谐波较为困难。

5.1.4　零序电流有功分量方向法

1. 选线原理

在谐振接地系统中，由于消弧线圈阻抗和故障点过渡电阻的存在，故障线路始端的零序电流含有有功分量，相位滞后零序电压 180°，容性分量相位滞后零序电压 90°，非故障线路的零序电流只含有容性电流，相位超前零序电压 90°。由于有功电流只存在于故障线路，且不能被消弧线圈的电感电流补偿，则若以零序电压的方向为参考方向，把有功分量提取出来，就可以用作故障线路的判据。

2. 局限性

故障电流中的有功分量非常微弱，相较之下，无功分量的幅值要大得多，且有功分量容易受到其他因素（如零序电流互感器误差等）的干扰，提取难度很大，实际选线效果并不是很好。

5.1.5　零序功率方向法

1. 选线原理

当系统中某相接地时，由于故障线路与非故障线路的零序电流极性相反，因此若将零序电流与零序电压相乘，得到零序功率，作为信号，即可以零序功率的极性作为判据，进而选出故障线路。

定义小电流接地配电系统发生故障时零序电压、零序电流分别为

$$u_0(t) = U_0 e^{-\alpha t} + \sum_{j=1}^{N} U_{0m}(j) \sin(j\omega t + \phi_j) \tag{5.3}$$

$$i_0(t) = U_0 e^{-\beta t} + \sum_{k=1}^{N} U_{0m}(k) \sin(k\omega t + \theta_k) \tag{5.4}$$

则 $P_0(t)$ 可表示为零序电压与零序电流的二次积分：

$$W_0(t) = \iint u_0(t) i_0(t) \, \mathrm{d}t^2 \tag{5.5}$$

将式（5.3）和式（5.4）代入计算，式（5.5）可表示为

$$W_0(t) = c_1 t^2 + c_2 t + c_3(t) \tag{5.6}$$

式中：c_1、c_2 为常数；$c_3(t)$ 为随积分次数的增加而快速衰减的项。

因此，式（5.6）右边部分可近似为一元二次多项式，函数 $W_0(t)$ 可近似为一元二次函数，函数图像开口方向取决于 c_1 的值，而 c_1 对应的是传统意义上的零序有功功率。

由于小电流接地系统均可表示为电感、电容和电阻元件的等效电路，对每回线路进行式（5.5）定义的零序能量再次积分，求取每回线路的 $W_0(t)$，则结果满足式（5.6）所描述的一元二次函数的变化规律，$W_0(t)$ 的开口方向取决于传统意义上零序有功功率的流向。因此，对于正常回路，能流方向始终为母线流向线路，总有 $W_0(t) \geq 0$；而对故障线路，由于是零序能量的提供方，能流方向始终为线路流向母线，即 $W_0(t) \leq 0$。据此，可判定故障线路。

2. 局限性

该方法依然会受到接地点过渡电阻的影响，当其阻值较大时，系统产生的零序电流数值就较小，当电流小到一定程度时，就会使选线准确率变低；在谐振接地系统中，消弧线圈的存在可能使零序电流反向，使该方法失效。

5.1.6 能量法

1. 选线原理

该方法以接地故障产生的零序电压和零序电流构成如下能量函数：

$$s_0 = \int_0^T u_0(\tau) i_0(\tau) \mathrm{d}\tau \tag{5.7}$$

消弧线圈与非故障线路的能量函数极性均为正，系统中的能量从故障线路传递到非故障线路，所以故障线路的能量函数极性恒为负，其绝对值为所有非故障线路与消弧线圈的能量函数之和。可见，能量函数的大小和极性是实现故障选线的依据。

具体来说，首先计算各线路暂态零序电流在除最低频带外各频带上的能量 ε，并计算各频带上所有线路暂态零序电流的能量和，选择能量和的最大值所在的频带为特征频带。

$$\varepsilon = \sum_n \left[\omega_k^{(j)}(n) \right]^2 \tag{5.8}$$

式中：$\omega_k^{(j)}(n)$ 为小波包分解第 (j, k) 子频带下的系数（本书中频带 (j, k) 均指小波包分解得到的第 j 层第 k 个频带），每个子频带下共有 n 个系数。

小电流接地系统发生单相接地故障后，根据叠加原理，故障配网可分解为由三相电压源、馈线及负载组成的正常运行系统，以及由发生故障后，故障点故障附加电压源与馈线组成的故障分量系统。由于利用故障后一个周期内首个 $T/4$ 和最后一个 $T/4$ 的零序电流，能有效地避开 TA 饱和间断角，做定义故障后 $T/4$ 的暂态能量为

$$W_i = \int_0^{T/4} u_0(t) i_{0i}(t) \mathrm{d}t \tag{5.9}$$

忽略公共零序电压的影响，联合式（5.8）和式（5.9）可得故障后首个 $T/4$ 特征频带的暂态能量为

$$W_{i\_\mathrm{first}} = \sum_n \left[\omega_{i\_\mathrm{first}}(n) \right]^2 \tag{5.10}$$

同理可得故障后一个周期内最后一个 $T/4$ 特征频带的暂态能量 W_{i_last}，则各线路特征频带内故障后的一个周期首个 $T/4$ 和最后一个 $T/4$ 的相对能量 E_i 为

$$E_i = \frac{W_{i\_\mathrm{first}}}{W_{i\_\mathrm{last}}} \tag{5.11}$$

综合以上分析，配电网故障线路判定方法如下：

（1）依次计算各条线路故障后一个周期特征频带内首个 $T/4$ 和最后一个 $T/4$ 的暂态能量 W_{j_first} 和 W_{i_last}，若 $W_{i\_last} \neq 0$ 对于所有线路均成立，则接步骤（2）和步骤（3）；否则，选出各条线路首个 $T/4$ 暂态能量中前 3 个最大值，并按大小顺序排列为 W_{j_first}、W_{k_first}、W_{m_first}。当 $|W_{j\_first}| \leqslant |W_{k\_first}| + |W_{m\_first}|$ 成立时，判定系统发生母线接地故障；否则，暂态能量最大的线路 j 即为故障线路。

（2）依次计算各条线路故障后一个周期特征频带内首个 $T/4$ 和最后一个 $T/4$ 的相对暂态能量 E_i。

（3）选出各条线路相对能量中前 3 个最大值，并按大小顺序排列为 E_j、E_k、E_m。当 $E_j \leqslant E_k + E_m$ 成立时，判定系统发生母线接地故障；否则，相对能量最大的线路 j 即为故障线路。

2. 局限性

能量函数包含电容分量与电感分量，而电容和电感不断地进行着能量交换，所以系统的能量不可能完全释放出来，因此该函数也就不能真实反映出故障发生后系统的能量关系，可能引起误判。

5.1.7 基于 $\Delta(I\sin\varphi)$ 原理的选线法

1. 选线原理

假设系统的负荷在故障前后不会发生很大的变化，则可以得出因电流互感器饱和而产生的不平衡电流在故障前后基本不变的结论。如果以发生故障前后各条线路的零序电流增量为切入点，便可以消除不平衡电流带来的影响。若取滞后母线零序电压 90° 为参考方向，则在故障时刻前后，故障线路的零序电流增量在此参考方向上的分量为正值，而对于非故障线路，此分量则为负值，可以此作为故障选线的判据。

具体来说，系统故障后，若定义 $3\dot{I}_{0,F}$ 为正方向，则故障线路 CT 二次侧中线上较故障前净增了一个正的 $3\dot{I}_{0,F}$，而非故障线路净增了一个负的 $3\dot{I}_{0,F}$。

根据上述事实，利用微机算术与逻辑功能强及记忆单元多的特点，通过一个中间参考正弦信号 $\dot{U}_r$（经处理后的 PT 线电压或所用交流电源信号），使得各线路故障前的零序电流 $3\dot{I}_{0,i\_前}$ 对故障母线段 h 故障后的 $3\dot{U}_0$ 亦能找出相位关系，由此再把所有线路故障前、后的零序电流 $3\dot{I}_{0,i\_前}$、$3\dot{I}_{0,i\_后}$ 都投影到 $3\dot{I}_{0,F}$ 方向。接着，计算出各线路故障前后的投影值之差 $\Delta\dot{I}_{0,i}$，找出差值的最大者 $\Delta\dot{I}_{0,k}$，即最大 $\Delta(\dot{I}\sin\varphi)$。显然，当 $\Delta\dot{I}_{0,k} > 0$ 时，对应的线路为故障线路，否则判定为母线故障。

2. 局限性

该方法是针对中性点不接地系统提出的。对于谐振接地系统，由于消弧线圈的补偿作用，该方法的准确性会受到影响。消弧线圈通常工作在过补偿状态，这可能会使得在故障时刻前后，故障线路的零序电流增量在上述参考方向上的分量的极性发生改变，出现负值的情况，影响选线结果。而当接地点过渡电阻的阻值较大时，零序电流的数值就较小，这同样会影响选线的准确性。

5.1.8 首半波法

1. 选线原理

假设单相接地的瞬间，故障线路的故障相电压刚好达到峰值，这时故障相电压骤降，非故障相电压突然升高，在单相接地发生后的一段较短的时期内产生暂态电流。发生故障的瞬间，流过消弧线圈的电流不能突变（约为 0），而消弧线圈的电感大于线路的等值电感，因此，计算发生故障后的零序电容电流时，消弧线圈的影响可以忽略不计，无论中性点是不接地还是经消弧线圈接地，单相接地故障发生后，系统中零序电容电流的分布基本相同。在接地点过渡电阻阻值不大的情况下，故障发生后的暂态过程中，暂态电流的数值比稳态电流的数值大得多，并且在故障发生后的第一个半波时达到最大值。以故障线路暂态零序电流的幅值和方向均与非故障线路存在明显差异作为判据，可以实现故障选线，提高选线准确率。

2. 局限性

该方法假设单相接地出现在故障相电压达到峰值的时刻，若单相接地出现在故障相电压为零的时刻，则暂态电流数值并不是很大，对选线准确率有一定影响。在过渡电阻阻值较大的情况下，首半波法也存在准确性受影响的可能。

5.1.9 小波分析法

小波分析法先采集系统中的故障信号，再根据小波奇异性检测理论对采集得到的信号进行小波变换，求得模极大值点，然后以求得的各线路零序电流模极大值的大小与方向作为判据，确定故障线路。

利用 db 小波包将流经各线路的暂态零序电流按一定频带宽度进行分解并剔除工频所在最低频段后，按式（5.12）确定的能量最大频段即为该线路暂态电容电流分布最集中的频段：

$$\varepsilon = \sum_n \left[\omega_k^{(j)}(n) \right]^2 \tag{5.12}$$

式中：$\omega_k^{(j)}(n)$ 为小波包分解在第 $(j,\ k)$ 子频段下的系数。

在各线路暂态电容电流最集中的特征频段下，只有故障线路满足如下条件：零序电流的小波包分解结果有较大的能量，且极性与其他线路相反。

对于有 n 条线路的配电网，可以将 $\varepsilon_{\sum}(k)$ 改为线路 k 在各特征频段的总能量，或线路 k 在各线路能量集中的几个频段的总能量，或所有线路在各线路能量集中的几个频段的总能量。当线路零序电流小波包分解结果的极性与其他线路的分解结果相同时，线路 k 的 $\varepsilon_{\sum}(k)$ 在 $\varepsilon_{\sum}$ 中占的比重越小越可能是非故障线路，相对故障测度越接近于 1；反之，越可能是故障线路，相对故障测度越接近于 0。

小波分析法利用接地发生瞬间所产生的信号，理论上可以减小随机小干扰的影响，对故障发生时刻没有特别要求，消弧线圈也对该方法无影响。此外，小波分析法并不将故障产生的高频信号当作干扰过滤掉，而是利用小波变换良好的时域局部性来分析故障电流，因而具有"变聚焦"和"能表征信号奇异性"的特征。

尽管小波变换的研究已经取得了一定的进展，但在实际电网运行中，各种电力设备、家用电器等非线性用电设备急剧增多，配电网中的谐波问题越来越严峻，这些干扰对小波分析法产生了严重的干扰。

5.1.10　行波法

当发生单相接地故障时，在故障附加电源的作用下，系统内将产生暂态行波。行波首先由接地点开始向接地线路两侧传播，其中到达母线的行波在母线处发生折（反）射，接地线路的反射波和入射波在本线路上叠加，形成接地线路的初始行波；来自于接地点的初始行波经折射进入非接地线路，形成非接地线路的初始行波。行波在网络中的传播过程如图 5.2 所示。实际三相系统中各相行波之间存在耦合，相模变换技术被用于解耦。

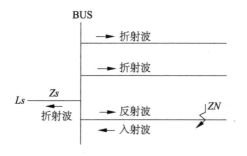

图 5.2　初始行波在母线处的折反射

根据 Karenbauer 变换，暂态行波可以分解为零模分量和线模分量，其表达式为

$$I_0 = (I_A + I_B + I_C)/3$$

$$I_\alpha = (I_A - I_B)/3$$

$$I_\beta = (I_A - I_C)/3 \tag{5.13}$$

针对图 5.2 的网络模型，图 5.3 给出了行波 α 模、β 模、零模分量的等效电路。在零模等效电路中，Z_{eq} 为中性点等效波阻抗，当中性点不接地时，获经消弧线圈接地时的 Z_{eq} 为无穷大；当中性点经电阻接地时，Z_{eq} 为中性点电阻的等效波阻抗。

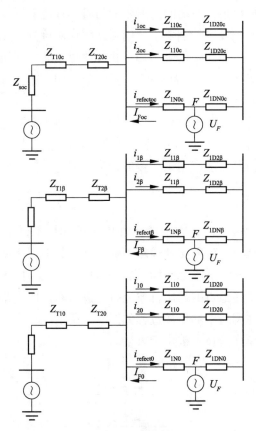

图 5.3　行波模量等值电路

当出线 L_N 上的点 F 发生单相接地，从线路 L_N 向母线观察的波阻抗为所有非接地线路和变压器支路波阻抗的并联。即针对 x 模量（x 可以是 α、β 或零模分量），从接地线路向母线看去的等效波阻抗可以表示为

$$Z_{Bx} = 1 \Big/ \left(\frac{1}{Z_{T2x}} + \sum_{k=1}^{N-1} \frac{1}{Z_{Lkx}} \right) \tag{5.14}$$

式中：Z_{T2x} 为变压器二次测的等效波阻抗；Z_{Lkx} 为线路 L_k（$k=1,\cdots,N-1$）的等效波阻抗。

根据行波传播理论，当发生单相接地时，电流行波的入射波 i_{Fx} 从接地点传播到母线时，由于母线处波阻抗不连续而发生折反射，其折射波 $i_{refractx}$ 和反射波 $i_{reflectx}$ 分别为

$$\begin{cases} i_{refractx} = -i_{Fx}2Z_{Bx}/(Z_{Bx}+Z_{Nx}) \\ i_{reflectx} = -i_{Fx}(Z_{Nx}-Z_{Bx})/(Z_{Bx}+Z_{Nx}) \end{cases} \tag{5.15}$$

式中：i_{Fx} 为入射电流波；Z_{Bx} 为母线的等效波阻抗；Z_{Nx} 为接地线路 L_N 的阻抗。

入射波和反射波叠加形成接地线路 N 的初始 x 模量电流行波为

$$i_{Nx} = -i_{Fx}2Z_{Nx}/(Z_{Bx}+Z_{Nx}) \tag{5.16}$$

若设非接地线路 L_k 的波阻抗为 Z_k，则从接地线路折射到非接地线路的折射波在各非接地线路分流，形成非接地线路的 x 模量电流初始行波为

$$i_{kx} = i_{Fx}2Z_{Bx}^2 \big/ \big[Z_{kx}(Z_{Bx}+Z_{Nx}) \big] \tag{5.17}$$

对比式（5.16）和式（5.17）可发现，故障线路具有不同于非故障线路的两个特征：

（1）故障线路的正向电压行波和反向电压行波同时到达，而非故障线路的反向电压行波滞后正向电压行波一定时间后到达，所以在特定时间内，故障线路的正向电压行波和反向电压行波能量之比小于 1，而非故障线路的能量之比远大于 1。

（2）由行波的折返射系数可知，故障线路和非故障线路正向电压行波的初始极性相反。

从以上分析可以看出，接地线路和非接地线路的初始暂态行波具有明显的特性差异，据此提出利用电流行波进行接地选线的思想。行波选线思想可以概括如下：利用小波变换的模极大值表示初始行波在各回线上所呈现的幅值和极性特性，根据各线路的初始行波的模极大值的幅值和极性差异来确定接地线路。对图5.2 所示母线上有 N 回出线的配电网络，假定线路为单相线路，设线路 i 的初始电流行波为 I_i 利用二进小波变换分别计算 I_i 在不同尺度 2^j 下的小波变换的模极大值 $I_{Mi}^{2^j}$。当某回出线发生单相接地时，对应于给定的尺度 2^k 的选线判据可写为

$$\begin{cases} |I_{MS}^{2^k}| \geqslant |I_{Mi}^{2^k}| \\ \mathrm{sgn}\ (I_{MS}^{2^k}) \neq \mathrm{sgn}\ (I_{Mi}^{2^k}) \end{cases} \tag{5.18}$$

式中：$I_{Mi}^{2^k}$ 为线路 i 电流行波在 2^k 尺度下的小波变换的模极大值；$I_{MS}^{2^k}$ 为所有线路

电流行波在 2^k 尺度下模极大值的最大值。

当母线发生接地时，对应于给定的尺度 2^k 的选线判据可写为

$$\begin{cases} \dfrac{1}{2} \mid I^{2^k}_{MS} \mid \leqslant \mid I^{2^k}_{Mi} \mid \leqslant \mid I^{2^k}_{MS} \mid \\ \mathrm{sgn} \; (I^{2^k}_{MS}) = \mathrm{sgn} \; (I^{2^k}_{Mi}) \end{cases} \tag{5.19}$$

不同尺度下小波变换的模极大值表示不同频段内的行波信息，它们均可用作选线判据，由此可以得到对应不同尺度的选线结果，即 4 个尺度下的小波变换可以得到 4 个选线结果。考虑到 2^1 尺度下包含噪声信号和数据误差，信息的可靠性和可信度较低，故采用 2^2、2^3 和 2^4 尺度下的模极大值作为选线依据，对 3 个选线结果采用简单的 3 中取 2 的方法来确定最终选线结果。

行波法从原理上克服了目前大多数选线方法存在的缺陷，但其对互感器的精度要求特别高，对处理器的计算处理能力也有很高的要求，设备成本远超一般的选线装置，要做到大范围安装较为困难。

5.1.11 注入信号法

注入信号法通常利用电压互感器向系统反向注入一个特定频率（非工频）的电流信号，该电流只流过故障线路，通过专用的信号电流探测器来查找这一电流信号，发现该电流的线路即为发生单相接地故障的线路。

注入信号法由主机和电流探测器实现，其原理简图如图 5.4 所示。信号电流发生器通过 5 根线（图中 A、B、C、N、L）与电压互感器 PT 的副边相连；信号电流探测器对出线电流进行探测，由主机内部电源对其可充电电池充电，进入工作状态。

当发生单相金属性接地时（假设图 5.4 中 A 相发生单相接地），则有 $U_{BN} = U_{CN}$ = 100 V，即系统 A 相 $U_{AN} = 0$ V，对地电压降为零，B、C 相对地电压升高为原来的 $\sqrt{3}$ 倍。主机根据 PT 副边电压的变化，自动判断出 A 相为接地相，并将信号电源跨接在 A、N 端子之间，向接地相（A 相）注入一个特殊的特定频率的信号电流，其通路如图 5.4 中虚线 a 所示。由于此时接地相 PT 原边（高压侧）处于被短接状态，信号电流一定会感应到原边，感应电流路径如图 5.4 中虚线 b 所示。电压互感器、故障相故障线路和接地点之间就形成低电阻回路，该注入电流的感应电流流经该回路，经接地点入地。

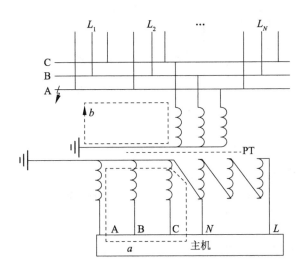

图 5.4　注入信号法原理示意图

尽管从原理上看注入信号法的选线效果较好，但是在实际系统中，外加信号的能量受到 PT 容量的影响，当接地电阻较高时，信号线路阻抗角变小，容易造成误判。此外，需要在每条线路出口安装信号电流探测器，成本较高，且无法检测瞬时性故障。

5.1.12　残流增量法

残流增量法主要针对谐振接地系统，一般通过调节脱谐度改变流过消弧线圈的电流大小，从而改变故障线路的零序电流，这一改变量即为残流增量；再对系统各条线路的零序电流的变化量进行检测，发生明显变化的即为故障电流，变化很小或者数值不变的即为非故障电流，若不存在变化明显的线路，则判定为母线故障。

如图 5.5 所示，消弧线圈安装在母线上，规定电容电流的方向为正方向。假设线路 3 发生接地故障，那么线路 1 和线路 2 始端测量的零序电流 $\dot{I}_1$、$\dot{I}_2$ 为自身的固有电容电流，而线路 3 始端测量的零序电流为消弧线圈电感电流减去正常线路的固有电容电流，即 $\dot{I}_L = \dot{I}_1 - \dot{I}_2$。如果在故障发生后调节消弧线圈的参数，使电感电流由 $\dot{I}_L$ 变为 $\dot{I}'_L$，则正常线路的零序电流不会发生变化，只有故障线路的零序电流会发生改变，变化量由 $\dot{I}_L$ 变为 $\dot{I}'_L$，这就是残流增量法的原理。

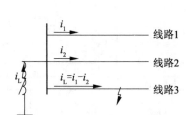

图 5.5　残流增量法原理示意图

然而，残流增量法具有以下局限性：

（1）故障电流的变化量不够大时，会影响选线准确率；

（2）该方法不适用于中性点不接地系统。

5.1.13　中电阻选线法

中电阻选线法的原理：在发生接地故障后，向系统中性点投入一中值电阻与消弧线圈并联，然后根据各线路零序电流大小的变化量来实现故障选线，变化最大的即为故障线路，基本不变的为非故障线路。若所有馈线的零序电流大小都基本不变，则判定为母线发生故障。该方法与残流增量法原理基本相同。

当系统发生单相接地故障时，自动跟踪消弧补偿及接地选线控制器或小电流接地选线装置会在短时间内迅速投入中电阻设备，对线路进行选线。但是当系统发生铁磁谐振接地方式下的连续虚拟接地、线路间歇性放电、频繁短时接地故障时，常规的消弧线圈设备无法对已经产生的系统线路隐患进行检测。当上述故障隐患发生时，采用快速选线方法可以迅速投入中电阻设备，快速实现对线路的预选线，及时选择出即将发生故障的线路，有利于故障的预防和判断。

中电阻选线法只适用于谐振接地系统，它改变了系统中性点的接线方式，需要增加并联电阻、电阻投切装置、控制回路、保护回路等设备，安装维护比较复杂。该技术将在应用过程中不断加以改进和完善。

5.1.14　基于人工智能的选线方法

在人工智能技术中，比较成熟的有神经网络和模糊控制。神经网络是以电气量与故障间的映射来判断故障线路的；而模糊控制是通过一些常见的选线判据对输入信号进行处理，得到选线结果后，根据相关理论得到隶属函数，再对选线结果做融合处理得到最终的选线结果。

这些方法仅在信号处理的层面上进行分析，并没有更深入地分析信号的特征。

5.1.15　拉线法

发生单相接地后，工作人员采取逐条线路拉闸的做法来排查故障。若切除某条线路时故障指示解除，则该条线路即为故障线路。

拉闸时，会造成一部分用户的短时停电，不利于保证供电可靠性。此外，该方法采取人工操作，工作人员有安全隐患，同时也增加了误操作的可能。

5.2　配电网单相断线故障下 DG 等值模型

DG 主要分为两类：一类是异步机接口电源（ADG），主要为双馈风电机组，其定子直接与电网相连，转子通过逆变器与电网相连；另一类是逆变器接口电源（IDG），包括光伏电源、直驱风电机组、微型燃气轮机、储能等，其通过变流器与电网相连。两类 DG 由于结构差异较大，因而在电网故障下的输出特性具有较大区别。

5.2.1　异步机接口电源

ADG 定子与电网直接相连，正常运行下，其输出的有功、无功能够迅速追踪指令值。因此，ADG 的电流 dq 轴分量可写为

$$\begin{cases} I_{sdm,\mathrm{n}} = \dfrac{2P_{\mathrm{A,ref}}}{3U_{sm,\mathrm{n}}} \\[3mm] I_{sqm,\mathrm{n}} = \dfrac{2Q_{\mathrm{A,ref}}}{3U_{sm,\mathrm{n}}} \end{cases} \tag{5.20}$$

式中：P_{ref}、Q_{ref} 分别为 ADG 有功和无功控制指令值；下标 ref 表示指令值；$U_{sm,\mathrm{n}}$ 为定子电压幅值；$I_{sdm,\mathrm{n}}$、$I_{sqm,\mathrm{n}}$ 分别为正常运行时定子电流 dq 轴分量幅值；下标 n 表示正常运行的电气量。

当电网发生单相断线故障时，ADG 机端三相电压幅值发生变化，并且不再对称。由于双馈风电机组通常采用不带中线的星形接线，因此在正反向旋转坐标系下，ADG 的正负序矢量模型可写为

$$\begin{cases} \boldsymbol{u}_{\mathrm{s+,f}} = R_s \boldsymbol{i}_{\mathrm{s+,f}} + \mathrm{j}\omega_s \boldsymbol{\psi}_{\mathrm{s+,f}} + \mathrm{d}\boldsymbol{\psi}_{\mathrm{s+,f}}/\mathrm{d}t \\ \boldsymbol{u}_{\mathrm{r+,f}} = R_r \boldsymbol{i}_{\mathrm{r+,f}} + \mathrm{j}\omega_{\mathrm{sl}} \boldsymbol{\psi}_{\mathrm{r+,f}} + \mathrm{d}\boldsymbol{\psi}_{\mathrm{r+,f}}/\mathrm{d}t \\ \boldsymbol{\psi}_{\mathrm{s+,f}} = L_s \boldsymbol{i}_{\mathrm{s+,f}} + L_{\mathrm{m}} \boldsymbol{i}_{\mathrm{r+,f}} \\ \boldsymbol{\psi}_{\mathrm{r+,f}} = L_{\mathrm{m}} \boldsymbol{i}_{\mathrm{s+,f}} + L_r \boldsymbol{i}_{\mathrm{r+,f}} \end{cases} \tag{5.21}$$

$$\begin{cases} \boldsymbol{u}_{s-,f} = R_s \boldsymbol{i}_{s-,f} + j\omega_s \boldsymbol{\psi}_{s-,f} + d\boldsymbol{\psi}_{s-,f}/dt \\ \boldsymbol{u}_{r-,f} = R_r \boldsymbol{i}_{r-,f} + j(2\omega_s + \omega_r) \boldsymbol{\psi}_{r-,f} + d\boldsymbol{\psi}_{r-,f}/dt \\ \boldsymbol{\psi}_{s-,f} = L_s \boldsymbol{i}_{s-,f} + L_m \boldsymbol{i}_{r-,f} \\ \boldsymbol{\psi}_{r-,f} = L_m \boldsymbol{i}_{s-,f} + L_r \boldsymbol{i}_{r-,f} \end{cases} \tag{5.22}$$

式中：下标 f 表示电网故障下的电气量；下标+和−分别表示正、反向同步旋转坐标下的正、负序矢量；下标 s 和 r 表示 ADG 的定子和转子电气量；u、i、ψ 分别为电压、电流和磁链；R、L 分别为电阻和电感；ω_s、ω_r 分别为同步角转速和转子角速度，ω_{sl} 为转差角速度。

配电网发生断线故障后，机端电压的变化导致定子磁链及电流变化，进而影响转子磁链、电压和电流。由于配电网断线后机端正序电压的变化有限，因此 ADG 转子电压、电流的变化较小，转子侧变流器通常能够保持对转子电压的持续控制。即使当电网故障影响较大时，通过投入 Crowbar 电路躲过故障初瞬的冲击，ADG 变流器也可很快恢复控制。此外，由于变流器控制速度较快，故障后转子电流可快速趋近于电流参考值，即故障后双馈风电机组能迅速进入稳定运行状态。

电网出现不对称故障后，网络中出现负序分量，为了避免负序分量反馈引起直流侧过压和过流，DG 一般配置了负序抑制控制。因此，配电网断线故障下 ADG 的负序电流可近似为 0。故障稳态时 ADG 的转子正序电流为

$$\begin{cases} I_{rqm+,f} = -\dfrac{2P_{A,ref}L_s}{3L_m U_{sm+,f}} \\ I_{rdm+,f} = \dfrac{\psi_{sm+,f}}{L_m} - \dfrac{2L_s Q_{A,ref}}{3L_m U_{sm+,f}} \\ I_{rqm-,f} = 0 \\ I_{rdm-,f} = 0 \end{cases} \tag{5.23}$$

式中：$I_{rdm+,f}$、$I_{rqm+,f}$ 分别为故障后定子、转子正序电流幅值；$I_{rdm-,f}$、$I_{rqm-,f}$ 分别为故障后定子、转子负序电流幅值；$U_{sm+,f}$ 为故障后的机端电压正序分量的幅值；$\psi_{sm+,f}$ 为故障后的定子磁链的正序分量幅值。

将式（5.23）代入式（5.21）和式（5.22），可以解得配电网单相断线故障后的 ADG 电流为

$$\begin{cases} I_{sdm+,f} = -\dfrac{2P_{ref}}{3U_{sm+,f}} \\ I_{sqm+,f} = -\dfrac{2Q_{ref}}{3U_{sm+,f}} \end{cases} \tag{5.24}$$

5.2.2 逆变器接口电源

与 ADG 类似，配电网断线故障下 IDG 的接口逆变器通常也可保持或快速恢复控制。因此，在负序一致控制和逆变器电流内环控制作用下，正反向旋转坐标系下的 IDG 端电压和电流满足：

$$\begin{cases} \boldsymbol{u}_{Id+,f}=R_I\boldsymbol{i}_{Id+,f}+\left(k_{IP}+\dfrac{k_{II}}{s}\right)\Delta\boldsymbol{i}_{Id+}-\omega_s L_I\boldsymbol{i}_{Iq+,f}+\boldsymbol{u}_{cd+,f} \\[2mm] \boldsymbol{u}_{Iq+,f}=R_I\boldsymbol{i}_{Iq+,f}+\left(k_{IP}+\dfrac{k_{II}}{s}\right)\Delta\boldsymbol{i}_{Iq+}+\omega_s L_I\boldsymbol{i}_{Id+,f}+\boldsymbol{u}_{cq+,f} \\[2mm] \boldsymbol{u}_{Id-,f}=R_I\boldsymbol{i}_{Id-,f}+\left(k_{IP}+\dfrac{k_{II}}{s}\right)\Delta\boldsymbol{i}_{Id-}+\omega_s L_I\boldsymbol{i}_{Iq-,f}+\boldsymbol{u}_{cd-,f} \\[2mm] \boldsymbol{u}_{Iq-,f}=R_I\boldsymbol{i}_{Iq-,f}+\left(k_{IP}+\dfrac{k_{II}}{s}\right)\Delta\boldsymbol{i}_{Iq-}-\omega_s L_I\boldsymbol{i}_{Id-,f}+\boldsymbol{u}_{cq-,f} \end{cases} \tag{5.25}$$

式中：R_I、L_I 为 IDG 滤波电路的等值电阻和电感；k_{IP}、k_{II} 为电流内环控制器的比例和积分系数；u_I 为逆变器出口电压；$u_{cd+,f}$、u_c 分别为并网点电压；Δi_I 为电流指令值与瞬时值的偏差。

$$\begin{cases} \Delta\boldsymbol{i}_{Id+}=\boldsymbol{i}_{Id+,ref}-\boldsymbol{i}_{Id+,f} \\ \Delta\boldsymbol{i}_{Iq+}=\boldsymbol{i}_{Iq+,ref}-\boldsymbol{i}_{Iq+,f} \\ \Delta\boldsymbol{i}_{Id-}=\boldsymbol{i}_{Id-,ref}-\boldsymbol{i}_{Id-,f} \\ \Delta\boldsymbol{i}_{Iq-}=\boldsymbol{i}_{Iq-,ref}-\boldsymbol{i}_{Iq-,f} \end{cases} \tag{5.26}$$

式中：$i_{Id+,ref}$、$i_{Iq+,ref}$、$i_{Id-,ref}$、$i_{Iq-,ref}$ 分别为 IDG 的 dq 轴电流参考值的正、负序矢量。

对于采用电网电压定向矢量控制的 IDG，当电流控制回路闭环带宽足够大时，IDG 电流可写为

$$\begin{cases} i_{Id+,f}=P_{I,ref}/u_{Id+,f} \\ i_{Iq+,f}=-Q_{Q,ref}/u_{Id+,f}^+ \end{cases} \tag{5.27}$$

所以，在配电网单相断线故障稳态，两类 DG 输出的正序电流均可写为

$$i_{D,f}=\tilde{S}_{D,f}/u_{D,f} \tag{5.28}$$

式中：$\tilde{S}_D=P_{D,ref}-jQ_{D,ref}$，$P_{D,ref}$ 和 $Q_{D,ref}$ 分别为 DG 有功、无功控制指令值；$i_{D,f}$、$u_{D,f}$ 分别为 DG 的电流和机端电压；下标 D 表示 DG，包括 IDG 和 ADG。

由式（5.28）可见，在电网正常运行和单相断线故障下，DG 均可以等效为一个电压控电流源。DG 输出电流由自身功率控制指令值和机端电压决定。在

配电网正常运行时，由于线路上的电压波动较小，因此 DG 输出电流在短时间内的波动也很小；而当配电网发生断线故障时，故障馈线电压出现显著变化，势必导致 DG 电流出现变化。相对于配电网断线下母线和电流的变化，由于 DG 闭环控制的反馈作用，其电流的变化将更为显著。

5.2.3　含 DG 的配电网单相断线故障特性

DG 接入后配电网正常运行时的等效电路如图 5.6 所示。其中，u_g 为系统电压；Z_{gD+} 为系统等效阻抗与母线和 DG 并网点之间线路正序阻抗之和；Z_{D+} 为 DG 升压变电抗与线路正序阻抗之和；Z_{LD+} 为 DG 并网点至负荷间线路的正序阻抗；Z_{L+} 为负荷正序阻抗。由基尔霍夫定律，有

$$\begin{cases} u_g = i_{g,n} Z_{gD+} + (i_{g,n}+i_{D,n})(Z_{L+}+Z_{LD+}) \\ u_{D,n} = i_{D,n} Z_{D+} + (i_{D,n}+i_{g+})(Z_{L+}+Z_{LD+}) \end{cases} \tag{5.29}$$

式中：$i_{g,n}$ 为母线与 DG 并网点之间的馈线电流。

正常运行时 DG 输出电流为

$$i_{D,n} = \frac{-u_g + \sqrt{u_g^2 + 4(Z_{gD+}+Z_{D+})\tilde{S}_D}}{2(Z_{D+}+Z_{gD+})} \tag{5.30}$$

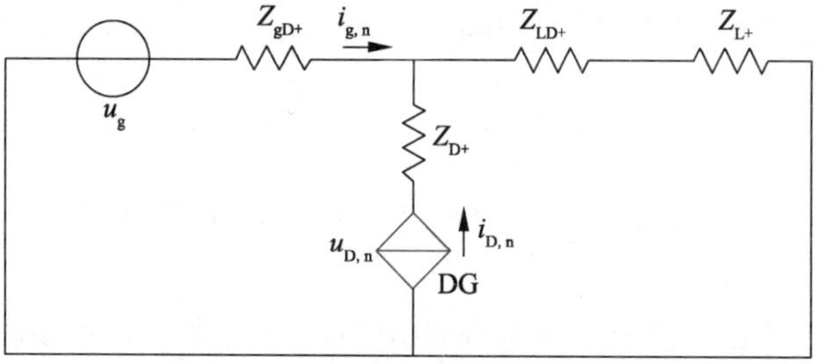

图 5.6　正常运行时的配电网等效电路

当 DG 上游馈线发生单相断线故障时，断点间的故障相电流及非故障相电压均为零。由于负荷侧通常不接地，DG 也采用无中线的星形接法，因此配电网无零序回路。单相断线故障的边界条件可写为

$$i_{k+} = -i_{k-}, \quad u_{k+} = u_{k-} \tag{5.31}$$

式中：下标 k 表示断线故障点处的电气量。

建立单相断线故障下配电网的复合序网图如图 5.7 所示。图中，Z_{gD-} 为系统等效阻抗与母线和 DG 并网点之间线路负序阻抗之和；Z_{LD-} 为 DG 并网点至负荷间线路负序阻抗；Z_{L-} 为负荷负序阻抗。对图 5.7 所示网络，有

$$\begin{cases} u_{k+} = u_g - Z_{gD+} i_{g+} + Z_{T+} i_{D,f} - u_{D,f} \\ i_{k+} = \dfrac{u_{D,f} - (Z_{T+} + Z_{LD+} + Z_{L+}) \, i_{D,f}}{Z_{LD+} + Z_{L+}} \\ i_{k-} = -\dfrac{u_{k-}}{Z_{gD-} + Z_{LD-} + Z_{L-}} \end{cases} \tag{5.32}$$

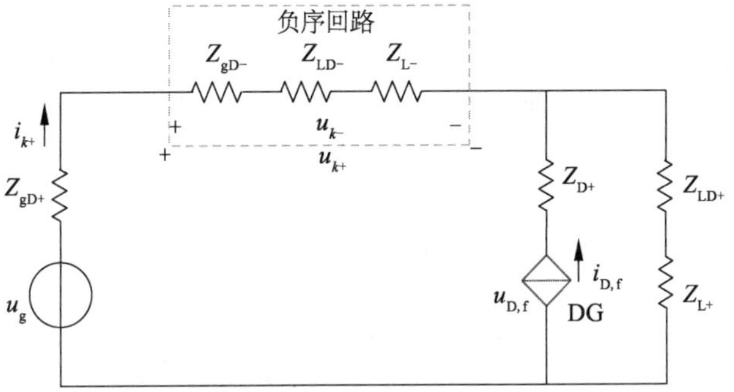

图 5.7　单相断线故障下配电网的复合序网

由于负荷阻抗远大于线路阻抗及变压器阻抗，并且负荷负序阻抗与正序阻抗通常接近，对式（5.32）求解，可得单相断线故障下 DG 输出电流为

$$i_{D,f} = \frac{-u_g + \sqrt{u_g^2 + 8(2Z_{T+} + Z_{LD+} + Z_{L+}) \tilde{S}_D}}{2(2Z_{T+} + Z_{LD+} + Z_{L+})} \tag{5.33}$$

由式（5.33）可知，在配电网单相断线故障发生后，DG 输出电流同时受到自身输出功率及负荷的影响，即故障前后电流发生了变化。

5.3　基于分布式电源电流变化特征的主动配电系统断线保护新方法

5.3.1　DG 输出电流变化特征

配电网中 DG 通常以单位功率因素运行，并且考虑到配电网中有功负荷远大于无功负荷，线路电抗可以忽略。此时，DG 上游馈线发生单相断线故障前后 DG 输出电流的模值可分别写为

$$I_{D,n} = \left| \frac{-u_g + \sqrt{u_g^2 + 4R_{\Sigma 1} \tilde{S}_D}}{2R_{\Sigma 1}} \right| \tag{5.34}$$

$$I_{D,f} = \left| \frac{-u_g + \sqrt{u_g^2 + 8R_{\Sigma 2}\tilde{S}_D}}{2R_{\Sigma 2}} \right| \tag{5.35}$$

式中：$R_{\Sigma 1} = R_{gD+} + R_{T+}$；$R_{\Sigma 2} = 2R_{T+} + R_{LD+} + R_{L+}$。

令 $|I_{D,f}| = |I_{D,n}|$，可以解得 DG 功率的有效解为

$$\tilde{S}_{D,\,th} = \frac{R_{\Sigma 2} - R_{\Sigma 1}}{(R_{\Sigma 2} - 2R_{\Sigma 1})^2} u_g^2 \tag{5.36}$$

当 $\tilde{S}_D = = \tilde{S}_{D,th}$ 时，故障前后 DG 电流对输出功率求导，二者导数之比为

$$K_i = \frac{\dfrac{\mathrm{d}I_{D,f}}{\mathrm{d}\tilde{S}_D}}{\dfrac{\mathrm{d}I_{D,n}}{\mathrm{d}\tilde{S}_D}} = \frac{2\sqrt{u_g^2 + 4R_{\Sigma 1}\dfrac{R_{\Sigma 2} - R_{\Sigma 1}}{(R_{\Sigma 2} - 2R_{\Sigma 1})^2}u_g^2}}{\sqrt{u_g^2 + 8R_{\Sigma 2}\dfrac{R_{\Sigma 2} - R_{\Sigma 1}}{(R_{\Sigma 2} - 2R_{\Sigma 1})^2}u_g^2}} \tag{5.37}$$

由于负荷电阻远大于线路电阻，因此 $R_{\Sigma 2} \gg R_{\Sigma 1}$，$K_i < 1$。即当 $\tilde{S}_D = \tilde{S}_{D,th}$，正常运行时 DG 电流的导数大于故障后 DG 电流的导数，$\tilde{S}_{D,th}$ 称为 DG 临界功率。因此，当 $0 < \tilde{S}_D < \tilde{S}_{D,th}$ 时，断线故障后 DG 输出电流增大；当 $\tilde{S}_{D,th} < \tilde{S}_D$ 时，故障后电流减小，如图 5.8 所示。因此，可以利用 DG 电流的变化构成保护判据来反应配电网单相断线故障。

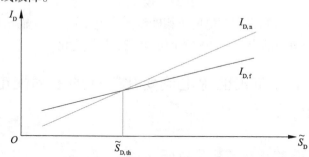

图 5.8　故障前后 DG 电流关系

5.3.2　断线故障保护判据

DG 下游发生断线故障时，DG 与母线相连，因此其端电压变化较小，DG 电流的突变反映了该 DG 接入点上游馈线发生单相断线故障。在主动配电网中，线路、变压器等设备的阻抗参数基本不会发生变化，而负荷的大小可以实时监测，因此可以根据负荷、DG 电流的监测，实现配电网断线故障保护，如图 5.9 所示。

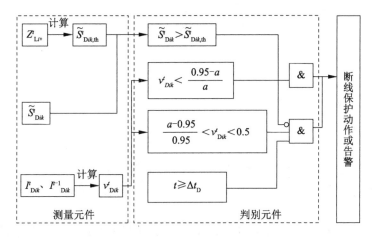

图 5.9　单相断线故障保护逻辑

首先采集 t 时刻第 i 条馈线上负荷阻抗 Z_{Li+}^{t} 及该馈线上第 k 个 DG 的功率 $\tilde{S}_{Dik}^{t}$ 及其电流 I_{Dik}^{t}，并计算 $\tilde{S}_{Dik,th}^{t}$。如果 $t-1$ 时刻和 t 时刻 DG 功率 $\tilde{S}_{Dik}^{t-1}$、$\tilde{S}_{Dik}^{t}$ 相等，而电流 I_{Dik}^{t-1}、I_{Dik}^{t} 不等，则此时分布式电源电流的变化率为

$$v_{Dik}^{t} = \frac{I_{Dik}^{t} - I_{Dik}^{t-1}}{I_{Dik}^{t-1}} \qquad (5.38)$$

配电网安全运行的电压范围通常为 0.95～1.05 p.u.，并且负荷端电压和 DG 端电压通常小于变电站馈线出口电压，以保证配电网不会向主网输出功率。由于母线电压一般略大于系统额定电压，令馈线出口电压为 aU_n 时，在正常运行下 DG 端电压应在 $0.95U_n \sim aU_n$ 范围内。因此，在配电网正常运行时，v_{Dik}^{t} 的范围为

$$-\frac{a-0.95}{a} \leqslant v_{Dik}^{t} \leqslant \frac{a-0.95}{0.95} \qquad (5.39)$$

当 $\tilde{S}_{Dik}^{t} > \tilde{S}_{Dik,th}^{t}$ 时，若 DG 电流减小，且变化率大于 $(a-0.95)/a$，则可判断为发生了单相断线故障；当 $0 < \tilde{S}_{Dik}^{t} < \tilde{S}_{Dik,th}^{t}$ 时，单相断线故障使得 DG 电流增大，但配电网发生短路故障时，DG 电流同样发生变化，由于断线故障无须快速切除，而配电网短路故障保护一般在几秒内被切除，因此可以通过延时来区分短路故障和断线故障。当 $0 < \tilde{S}_{Dik}^{t} < \tilde{S}_{Dik,th}^{t}$ 时，若 DG 电流增大的变化率大于 $(a-0.95)/a$，且在延时 Δt_d 后 DG 电流仍然持续，则可判断为发生了单相断线故障。其中，Δt_d 可以根据配电网相间和接地保护的动作时限确定，一般 $\Delta t_d \geqslant 5$ s。由此，单相接地故障的保护判据可写为

$$\begin{cases} v_{\mathrm{D}ik}^{t} < \dfrac{0.95-a}{a}, & \tilde{S}_{\mathrm{D}ik}^{t} > \tilde{S}_{\mathrm{D}ik,\mathrm{th}}^{t} \\[3mm] v_{\mathrm{D}ik}^{t} > \dfrac{a-0.95}{0.95}, & 0 < \tilde{S}_{\mathrm{D}ik}^{t} < \tilde{S}_{\mathrm{D}ik,\mathrm{th}}^{t} \text{ 且 } t \geqslant \Delta t_{D} \end{cases} \qquad (5.40)$$

将 $v_{\mathrm{D}ik}^{t}$ 和 $\tilde{S}_{\mathrm{D}ik,\mathrm{th}}^{t}$ 传输至判别元件,判别元件根据单相断线保护判据,对该线路上第 k 个 DG 上游是否发生单相断线故障进行判断。当 $k=1$ 时,如果第 k 个 DG 电流变化率满足断线判据,则第 1 个 DG 上游出现断线故障;当 $k>1$ 时,如果第 k 个 DG 电流变化率满足断线判据,而第 $k-1$ 个 DG 电流变化率满足正常运行判据,则判断第 $k-1$ 个和第 k 个 DG 之间发生单相断线故障。

5.4 基于分布式电源电流变化特征的主动配电系统断线保护测试

利用测试平台验证所提出的基于分布式电源电流变化率的主动配电网断线保护方法的有效性。测试对象如图 5.10 所示,电压等级为 10 kV,主变中性点采用直接接地方式,负荷阻抗为 58.85 Ω,馈线出口到 DG_1 接入点之间的线路电阻为 3.33 Ω,DG_1 接入点到 DG_2 接入点之间的线路电阻为 3.25 Ω,DG_2 接入点到负荷之间的线路阻抗为 3.86 Ω。

在 $t=0.4$ s 时,DG_2 功率为 0,馈线 4 的 K_1 点处发生单相断线故障,故障点距离母线 2 km。根据所设计的保护原理,可得单相断线故障的判据:当 DG_1 功率小于 1.77 MW,且 DG_1 电流上升率为 5%~50%,或者当 DG_1 输出功率大于 1.77 MW,且电流下降率大于 5% 时,均可判断 DG_1 上游馈线发生了单相断线故障。

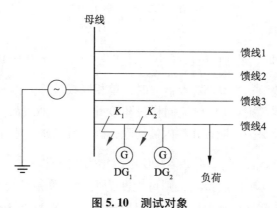

图 5.10　测试对象

图 5.11 为 DG_1 功率分别为 0.75 MW 和 2.4 MW 时,馈线单相断线故障前后

DG_1 电流的有效值。当 DG_1 功率为 0.75 MW（小于 1.77 MW）时，故障后 DG_1 电流上升，从 62.4 A 变到 79.2 A，电流上升了 26.9%；当 DG_1 功率为 2.4 MW（大于 1.77 MW）时故障后 DG_1 电流下降，从 199.3 A 下降到 175.9 A，电流下降了 11.7%。该测试结果与理论分析完全一致。

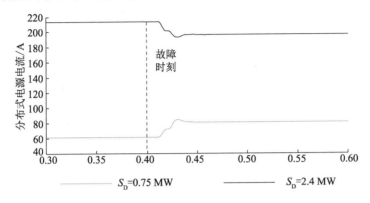

图 5.11　不同功率下 DG_1 电流

改变 DG_1 功率，馈线单相断线故障前后 DG_1 电流的有效值如表 5.1 所示。当 DG_1 功率为 0.75~1.35 MW 时，故障后 DG_1 电流上升，并且功率越小，电流上升率越大。此时，所提出的保护方法均能有效识别单相断线故障。当 DG_1 功率为 2.1~2.55 MW 时，故障后 DG 电流下降，并且功率越大，电流下降越大，同样可验证所提出的保护方法均能可靠动作。

表 5.1　不同功率下故障前后 DG_1 电流

DG_1 功率/MW	故障前电流/A	故障后电流/A	电流变化率/%	断线保护是否动作
0.75	61.8	77.5	25.41	是
0.90	74.3	90.4	21.67	是
1.05	86.9	101.9	17.29	是
1.20	99.5	110.8	11.36	是
1.35	111.9	122.8	9.78	是
2.10	174.3	161.2	-7.52	是
2.25	187.1	167.1	-8.01	是
2.40	199.3	175.9	-11.73	是
2.55	211.5	181.3	-14.27	是

保持 DG_1 功率为 3 MW，改变负荷阻抗，断线故障前后 DG_1 电流如表 5.2 所

示。由表 5.2 可见，配电网正常运行下，DG_1 电流几乎不受负荷变化影响。但是在发生单相断线故障后，DG_1 电流会随负荷阻抗的减小而增大。当负荷阻抗为 40~50 Ω 时，由于 DG_1 功率大于临界功率，因此断线后 DG_1 电流下降，并且负荷阻抗越小，电流下降率越小。而当负荷阻抗为 20~25 Ω 时，DG_1 功率小于临界功率，断线后 DG_1 电流上升，并且负荷阻抗越小，电流上升率越大。由表 5.2 可见，断线故障后的 DG_1 电流变化率均大于保护动作值，所提出的方法在不同负荷阻抗下同样能够可靠动作。

表 5.2　不同负荷阻抗下故障前后 DG_1 电流

负荷阻抗/Ω	故障前电流/A	故障后电流/A	电流变化率/%	断线保护是否动作
50	250.0	215.5	−13.80	是
45	250.6	224.2	−10.36	是
40	252.1	234.1	−7.14	是
25	254.9	276.1	8.32	是
20	257.6	299.1	16.12	是

不同负荷阻抗下，DG 接入馈线发生单相短路故障前后 DG 输出电流有效值如表 5.3 所示。单相短路故障后 DG 输出同样也不受负荷影响。不同负荷阻抗和不同 DG 功率下，单相故障后 DG 电流变化率都稳定在 50% 左右。断线故障与短路故障的区别较为明显，加之延时启动，所提断线故障保护能够较为可靠地区分短路故障与断线故障。

表 5.3　不同负荷阻抗下单相短路故障前后电流

负荷阻抗/Ω	故障前电流有效值/A	故障后电流有效值/A	电流变化率/%
50.0	125.1	187.8	50.12
47.5	125.1	188.1	50.36
45.0	125.3	188.2	50.20
42.5	125.4	188.2	50.08
40.0	125.4	188.4	50.24
37.5	125.6	188.6	50.16

馈线 4 的 K_2 点发生单相断线故障时故障前后的 DG 电流如表 5.4 所示。此时，故障点与 DG_1 之间的距离为 1 km，DG_1 功率为 0.75 MW。由表 5.4 可见，当故障发生在 DG_1 和 DG_2 之间时，DG_1 故障前后电流几乎无任何变化，在正常运行电流范围之内，而 DG_2 的电流出现了明显变化，且均显著地超过断线保护的

门槛值。因此，所提出的保护方法不仅可以可靠识别断线故障，还能借助 DG 接入位置的不同，实现断线点的定位。

表 5.4　不同 DG_2 功率下故障前后 DG 电流

DG_2 功率/MW	故障前电流/A		故障后电流/A		电流变化率/%		断线保护是否正确动作
	DG_1	DG_2	DG_1	DG_2	DG_1	DG_2	
0.75	62.3	62.2	62.0	79.3	−0.48	27.49	是
1.05	62.3	87.2	62.1	102.1	−0.32	17.09	是
1.35	62.3	112.2	62.2	120.7	−0.16	7.58	是
2.10	62.3	174.3	62.4	161.7	0.16	−7.23	是
2.40	62.3	199.3	62.4	176.1	0.16	−14.27	是

综上所述，经过测试可验证所提保护方法不仅适用于各种分布式电源接入下主动配电网断线故障，而且具有较高的可靠性和灵敏度。

第 6 章 结 语

　　配电网是电力系统的重要组成部分，它主要承担着电能分配的作用，其供电可靠性和供电质量直接影响着社会生产和经济发展，也与人们的日常生活息息相关。为了提高供电可靠性，我国中低压配电网广泛采用小电流接地运行方式，主要包括中性点不接地和中性点经消弧线圈接地两种方式。由于配电网结构复杂、城乡建设水平差异大、维护力度不平衡和网络结构不合理等原因，配电线路故障频发，严重威胁电力系统安全稳定运行。在配电线路故障研究领域，一直以来都以发生概率较高的小电流接地故障（单相接地故障）为研究重点，而单相断线故障及其断线后带电导线落地而形成的复杂故障研究很少有人涉及，对于故障后负荷侧电压、电流不平衡所造成危害的防护能力不足，是配电自动化技术和智能配电网发展的一块短板。

　　随着能源危机和环境污染的加剧，以清洁能源为基础的分布式电源迅速发展，越来越多的分布式电源通过配电网并网，使得传统配电网的故障特征发生改变，传统的故障保护策略或将不再适用。尤其对于目前广泛使用的异步接口电源、逆变型分布式电源，其输出特性与控制策略密切相关，故障特征更加复杂，因此在进行故障分析时应充分考虑分布式电源接入后对故障特征的影响。

　　为了解决配电网发生单相断线接地复故障选线和类型诊断两方面的问题，本书在充分考虑中性点运行方式和过渡电阻影响的情况下，根据边界条件建立故障复合序网，首先进行传统配电线路的故障分析，并根据分析结果提出单相断线故障选线判据及单相断线接地复故障类型诊断判据，然后针对含分布式电源的配电网，分析分布式电源的控制策略和输出特性，建立分布式电源数学模型，最后分析和总结分布式电源并网对传统配电线路故障检测的影响。主要进展和成果包括以下几个方面：

　　（1）从中性点接地方式的影响因素分析入手，总结了中性点不接地、中性点经小电阻接地、中性点经消弧线圈接地、中性点直接接地及中性点经消弧线圈并联电阻接地 5 种接地方式的电路结构特点，对各中性点接地方式故障特征进行了理论分析，结合传统配电网，开展了不同中心点接地方式下的故障测试，总结了各中性点接地方式的优、缺点，对各中性点接地方式进行了故障机理解析分析，提出了一种考虑中性点接地方式影响的配电网单相断线故障保护方法设计理论及具体实现内容和流程。

（2）针对主动配电系统下分布式电源——双馈风力发电机组、直驱风力发电机组、光伏电源这三类典型新能源电源，分别根据自身的电源运行特点及对应的变流器控制特性进行建模分析，进一步解析出主动配电网背景下双馈风电电源、直驱风电电源、光伏电源并网故障暂态过程，推导出各自的解析故障网络函数及网络拓扑图，明晰了新类型电源并网故障暂态机理，为主动配电系统断线故障新保护原理的提出和适应性验证奠定了模型基础及理论基础。

（3）提出一种基于负序电流信号的主动配电系统断线故障保护方法。首先，分析DG上、下游发生单相断线故障时故障馈线与非故障馈线序电流以及主动配电网中性点电压的变化特征；然后，在此基础上，以中性点电压和负序电流作为保护特征量构造保护判据，提出中性点经小电阻接地的主配电网断线故障保护方法。理论分析和结果表明，该保护方法不受负荷分布、故障位置、网络拓扑的影响，具有灵敏度和可靠性高、适用范围广及易于实现的优点。

（4）提出一种根据DG电流变化率识别配电网断线故障的新思想。首先，分析配电网单相断线故障下不同类型DG的输出特性，并建立断线故障的DG等值模型；然后，建立含DG的配电网单相断线故障等效电路，推导出配电网单相断线故障前后DG输出电流的表达式；最后，分析断线故障前后DG输出电流的变化特征，建立基于DG电流变化率的单相断线故障保护判据，提出基于分布式电源电流变化特征的主动配电系统断线故障保护新方法策略流程及基本原理。

参考文献

［1］ Li Rui, Wang Wei, Xia Mingchao. Cooperative planning of active distribution system with renewable energy sources and energy storage systems［J］. IEEE Access, 2017, 6: 5916-5926.

［2］ 张立静, 盛戈皞, 江秀臣. 泛在电力物联网在变电站的应用分析与研究展望［J］. 高压电器, 2020, 56(9):1-10.

［3］ 李颖杰, 温启良. 含风-光-储的微网接入对配电网供电可靠性的影响［J］. 电测与仪表, 2020, 57(13):98-103.

［4］ 张振宇, 程诺, 罗翔, 等. 10 kV 配电网高温超导电缆电热耦合模型仿真分析［J］. 高压电器, 2020, 56(11):203-209.

［5］ 肖振锋, 辛培哲, 刘志刚, 等. 泛在电力物联网形势下的主动配电网规划技术综述［J］. 电力系统保护与控制, 2020, 48(3):43-48.

［6］ Kalyuzhny A. Analysis of temporary overvoltages during open-phase faults in distribution networks with resonant grounding［J］. IEEE Transactions on Power Delivery, 2015, 30(1):420-427.

［7］ 沈诞煜, 赵晋斌, 李吉祥, 等. 分布式电源并网惯性功率补偿研究［J］. 电力系统保护与控制, 2019, 47(16):50-57.

［8］ 贾健飞, 李博通, 孔祥平, 等. 计及逆变型分布式电源输出特性的配电网自适应电流保护研究［J］. 高压电器, 2019, 55(2):149-155.

［9］ 赵凤贤, 孟镇, 李永勤, 等. 基于故障分量的主动配电网纵联保护原理［J］. 高电压 技术, 2019, 45(10):3092-3100.

［10］ He J H, Cheng Y H, Hu J, et al. An accelerated adaptive overcurrent protection for distribution networks with high DG penetration［C］// 13th International Conference on Development in Power System Protection 2016 (DPSP), March 7-10, 2016, Edinburgh, UK:1-5.

［11］ 朱玲玲, 张华中, 王正刚, 等. 基于小波神经网络单相断线故障选线和定位［J］. 电力系统保护与控制, 2011, 39(4):12-17.

［12］ 康奇豹, 丛伟, 盛亚如, 等. 配电线路单相断线故障保护方法［J］. 电力系统

保护与控制，2019，47（8）：127-136.

［13］严学文，高伟，张稳稳，等.基于相电流特征的配电网单相断线区段定位新方法［J］.电测与仪表，2019，56（3）：76-81.

［14］吴素我，张焰，苏运.基于配用电数据关联的中压配电网断线故障诊断方法［J］.电力自动化设备，2017，37（7）：101-109.

［15］郭乃网，苏运，田英杰，等.基于改进的 AdaBoost 算法的中压配电网断线不接地故障检测［J］.电测与仪表，2019，56（16）：1-6，18.

［16］苏运，赵琦，瞿海妮.基于机器学习的中压配电网断线不接地故障检测［J］.电测与仪表，2019，56（1）：96-101.

［17］常仲学，宋国兵，王晓卫.基于零序电压幅值差的配电网断线识别与隔离［J］.电力系统自动化，2018，42（6）：135-139.

［18］王玥婷，梁中会，牟欣玮，等.考虑分布式能源的配电网断线定位方法［J］.电力系统保护与控制，2018，46（21）：131-137.

［19］沈鑫，曹敏.分布式电源并网对于配电网的影响研究［J］.电工技术学报，2015，30（增刊 1）：346-351.

［20］王羿，郭玲，吕文，等.分布式光伏电源并网控制策略的研究［J］.电源技术，2019，43（4）：637-640，657.

［21］郭文明，牟龙华.考虑灵活控制策略及电流限幅的逆变型分布式电源故障模型［J］.中国电机工程学报，2015，35（24）：6359-6367.

［22］刘思怡，苏运，张焰.基于 FP-Growth 算法的 10 kV 配电网分支线断线故障诊断与定位方法［J］.电网技术，2019，43（12）：4575-4581.

［23］刘健，张志华，张小庆，等.基于配电自动化系统的单相接地定位［J］.电力系统自动化，2017，41（1）：145-149.

［24］张惠智，李永丽.光伏电源接入的配电网短路电流分析及电流保护整定方案［J］.电网技术，2015，39（8）：2327-2332.

［25］朱志平，张民.一种实用的配电网短路故障定位方法［J］.电网技术，2008，32（4）：101-104.

［26］董张卓，刘魁，张倍倍.含分布式电源配电网通用故障电流计算方法［J］.电力系统保护与控制，2019，47（18）：161-168.

［27］林春清，李春平，郭兆成，等.负荷线路断线引起消弧线圈接地系统过电压的分析与判别［J］.电网技术，2012，36（9）：275-280.

［28］余水忠，潘兰.小电流接地系统的非短路故障分析［J］.电力系统保护与控制，2009，37（20）：74-78.

［29］朱玲玲，李长凯，张华中，等.配电网单相断线故障负序电流分析及选线

［J］. 电力系统保护与控制, 2009, 37(9): 35-38, 43.

［30］常仲学, 宋国兵, 王晓卫. 基于零序电压幅值差的配电网断线识别与隔离［J］. 电力系统自动化, 2018, 42(6): 135-139.

［31］汤一达, 吴志, 顾伟. 主动配电网故障恢复的重构与孤岛划分统一模型［J］. 电网技术, 2020, 44(7): 2731-2737.

［32］周念成, 叶玲, 王强钢, 等. 含负序电流注入的逆变型分布式电源电网不对称短路计算［J］. 中国电机工程学报, 2013, 33(36): 41-49, 8.

［33］王玥婷, 梁中会, 牟欣玮, 等. 考虑分布式能源的配电网断线定位方法［J］. 电力系统保护与控制, 2018, 46(21): 131-137.

［34］李文立. 含分布式电源配电网的故障特性分析与保护方案研究［D］. 北京: 北京交通大学, 2018.